建筑工程测量快速上手与提升

王力宇　主编

中国电力出版社
CHINA ELECTRIC POWER PRESS

内 容 提 要

本书根据建筑工程测量施工的特点，以职场新人的角度介绍刚入职的施工技术人员需要掌握的基本技能和日后所需提高的能力。首先对建筑从业环境进行了剖析，对不同岗位的晋升做了一定阶段的分析，尽可能地帮助刚毕业的新人快速了解所处的工作环境，并对自己的职业发展做出正确的规划。在施工测量技术方面，将不同的施工测量技术分为“必备技能”和“提升技能”两个层级，从而使读者能够根据自己的工作积累，快速掌握最基础的施工测量技能，尽快地开展手头的工作，同时对今后的工作需要掌握的施工测量技能，也有一个大概的了解，为自己的进一步提升做好准备。

本书内容简明实用、图文并茂，适用性和实际操作性较强，可作为建筑工程技术人员和管理人员的参考用书，也可作为土建类相关专业大中专院校师生的参考教材。

图书在版编目（CIP）数据

建筑工程测量快速上手与提升 / 王力宇主编. —北京：中国电力出版社，2016.10

（菜鸟入职与快速提升系列）

ISBN 978-7-5123-9887-0

Ⅰ. ①建… Ⅱ. ①王… Ⅲ. ①建筑测量-基本知识 Ⅳ. ①TU198

中国版本图书馆 CIP 数据核字（2016）第 246055 号

中国电力出版社出版发行

北京市东城区北京站西街 19 号 100005 http://www.cepp.sgcc.com.cn

责任编辑：杨淑玲 责任印制：蔺义舟 责任校对：马 宁

汇鑫印务有限公司印刷・各地新华书店经售

2017 年 1 月第 1 版・第 1 次印刷

850mm×1168mm 1/32・7.25 印张・172 千字

定价：36.00 元

前　言

不少刚毕业的学生，顶着高学历的光环进入施工企业，往往被打上“什么都不会”“什么都干不了”的标签，这也是大多数刚入职的建筑业新人所经历的第一个“槛”。要想尽快跨过这道门槛，就要尽可能早地上手现场工作，摆脱“菜鸟”头衔。同时，刚进入建筑业的新人，对不同的岗位缺乏了解，也不知道不同岗位的晋升通道与特点，基本上都属于领导安排什么就干什么，从一开始就输在了起跑线上。

本书针对这两个问题，让“菜鸟”们知道不同的岗位是干什么的，如何在最短的时间内，上手基础性工作，不同岗位的晋升通道有何微妙之处，对于自己今后的发展有何影响，尽可能地主动选择自己的岗位。全书对建筑施工企业的基本构成单位——项目部中不同岗位的性质、职能、发展方向做了概要的说明，在具体施工技能上，介绍了哪些是一开始必须掌握的，哪些是后期再慢慢学习的，从而让读者在了解岗位职责的基础上，尽快开展工作。

本书首先介绍了建筑施工职业环境和不同岗位的晋升路径，其次介绍了建筑工程的划分和各分部分项工程的施工基础要求，再次介绍了建筑“菜鸟”们所必须掌握的识图技能，最后对于建筑测量施工中各分项施工测量技术进行详细的讲解，同时对这些技能进行划分，告诉读者哪些是初入职场所必须掌握的、哪些是日后工作中需要提升的。书中配以与之内容相关的现场照片和示意图（重点的内容直接在图中进行标注和讲解），还在测量计算内容中用实例计算的方式讲述测量计算的重点和所需要注意的事项。

参与本书编写的人有：张方、刘向宇、安平、陈建华、陈宏、蔡志宏、邓毅丰、邓丽娜、黄肖、黄华、何志勇、郝鹏、李卫、林艳云、李广、李锋、李保华、刘团团、李小丽、李四磊、刘杰、刘彦萍、刘伟、刘全、梁越、马元、孙银青、王军、王力宇、王广洋、许静、谢永亮、肖冠军、于兆山、张志贵、张蕾。

本书在编写过程中参考了有关文献和一些项目施工管理经验性文件，并且得到了许多专家和相关单位的关心与大力支持，在此表示衷心的感谢。由于编写时间和水平有限，尽管编者尽心尽力，反复推敲核实，但难免有疏漏及不妥之处，恳请广大读者批评指正，以便做进一步的修改和完善。

编　者

目　录

第一章

职场环境剖析与职业规划

第一节 职场环境剖析

一、建筑施工企业

1. 施工企业组织管理机构

施工企业组织管理机构与企业性质、施工资质及企业的经营规模有密切关系，比较常见的施工企业组织管理机构如图 1–1 所示。

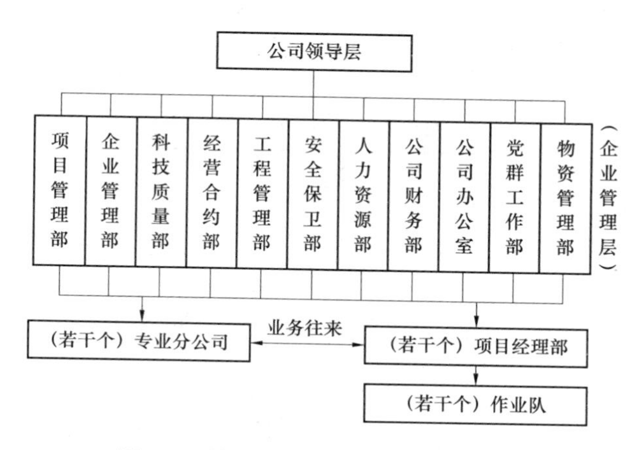

图 1–1 施工企业组织管理结构示意图

2. 项目经理部组织管理机构

项目经理部是施工企业为了完成某项建设工程施工任务而设立的组织。由项目经理在企业的支持下组建并领导、进行项目管理的组织机构。比较常见的项目经理部组织机构如图 1–2 所示。

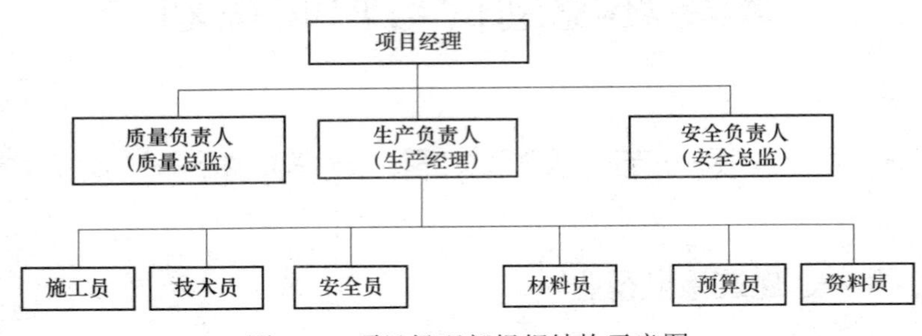

图 1–2　项目经理部组织结构示意图

3. 项目经理部与主要相关单位的关系

项目经理部与主要相关单位的关系如图 1–3 所示。

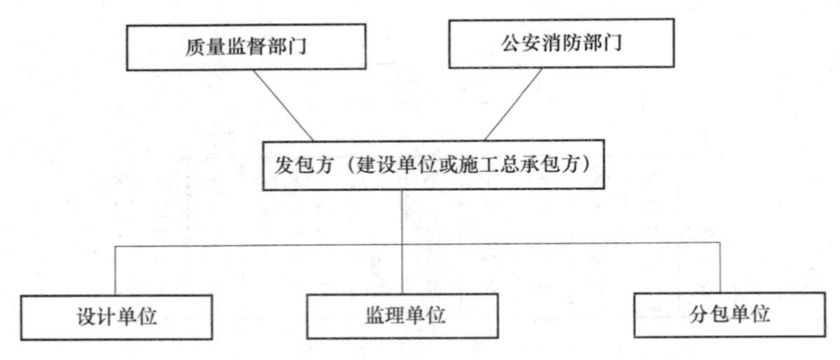

图 1–3　项目经理部与主要相关单位的关系示意图

一个完整的工程通常与设计单位、发包方、监理单位、分包单位、质量监督部门、公安消防部门等单位有着密切的关联，项目经理部与主要相关单位的关系见表 1–1。

表 1–1　　　　　　项目经理部与主要相关单位的关系

单位	业务关系
发包方	发包方代表建设单位或施工总承包方，项目经理部和发包方的关系非常密切。从投标开始，经过施工准备、施工中的检查与验收、进度款支付、工程变更、进度协调，到竣工验收。两者之间的工作主要是洽谈、签订和履行合同
设计单位	施工准备阶段设计单位进行设计交底。设计图纸交底前，项目经理部组织专业人员审图，在充分了解设计意图的基础上，根据施工经验提出改进措施。图纸会审时应做好书面记录，并经监理（建设）、施工、设计各方签字，形成有效记录。 在施工过程中，一般按图施工。当图纸存在问题而现场无法施工时，应向设计单位提出自己的修改建议，与有关专业设计人员进行协商，办理变更洽商，保证施工的顺利进行
监理单位	项目经理部与监理单位在工程项目施工活动中，两者相互协作。在施工中，监理单位代表建设单位对工程进行全面监督。监督在建设单位的授权下，具有对质量、工期、付款的确认权与否决权。监理单位与施工项目经理部的关系是监理与被监理的关系。而施工方应接受监理单位并为其工作提供方便
分包单位	项目经理部要掌握分包单位的资质等级、机构、人员素质、生产技术水平、工作业绩、协作情况。必要时进行实地考察，充分了解各分包单位情况。 负责对分包单位进行管理，保证施工安全、施工质量和施工进度，协调各分包单位之间的合理工作关系
质量监督部门	质量监督部门由政府授权，代表政府对工程质量进行监督，依据有关国家（地方）规范、标准对质量进行把关，可随时对工程质量进行抽检
公安消防部门	施工项目开工前必须向公安消防部门申报。由公安消防部门核发施工现场消防安全许可证后方可施工。 施工期间，工程消防设施应当按照有关设计及施工规范进行施工，并接受公安消防部分的检查。 工程完工后，应由公安消防部分进行消防设施的竣工验收。验收合格后才能交付使用

二、测量员的岗位职责与主要工作内容

1. 测量员的岗位职责

测量员岗位职责的主要内容如下：

（1）定桩位。例如，根据规划局给出的坐标点位，确定建筑物的基础点位。

（2）基础放线。例如，根据施工图纸所示尺寸，对基础进行

放线，为土方开挖做准备。

（3）基础标高测设。例如，在土方开挖过程中要对基础的标高进行测设，直到基础标高符合图纸和设计要求为止。

（4）楼层放线。例如，通过阅读结构施工图和建筑施工图得出的信息，放出该楼层所有梁、柱、墙、楼梯的位置线，并标出其标高。

（5）编制测量专项方案。例如，在基础测量放线前，编制基础测量专项施工方案，包括使用测设方法等内容。

测量员是项目经理部中最主要的基层管理人员之一。其工作涉及桩位定点、基础放线、楼体测量放线和二次结构放线等内容，他在项目工程部与项目技术部之间起着连接“纽带”的作用。测量员的主要职责如下：

（1）认真贯彻执行国家和有关部门制定的测量规范，负责本项目的施工测量控制以及日常的测量工作。

（2）测量的资料和原始记录应真实可靠，做到点位清晰、集料准确，为施工提供准确的数据。

（3）能够独立或联合完成工程控制网的测量工作，检查测量的复测制度。各级控制测量必须严格按有关规范施测，并提出测量计算成果。

（4）根据现场施工情况，向本工程物资部门提供测量仪器的购置计划。

（5）及时将测量资料和原始记录等文件装订成册和存档编号。

（6）认真做好测量仪器的维修和保管工作，定期进行校核，以保证测量仪器的精确度。

（7）坚持测量工作的自检、互检制度，杜绝重大质量事故的发生。

（8）定期检查和维护控制桩位，防止损失和移动。

（9）施工时检查控制桩（点）情况，发现异常及时复测、矫正。浇筑混凝土前提供轴线复核点、标高控制点，并及时做好测量资料。

2. 测量员的主要工作内容

测量员的工作贯穿在整个施工过程中，工作内容涉及项目管理工作的多个方面，这些方面的工作是相互关联、相互交叉、循环进行的。其主要是在项目技术负责人或项目经理的领导下工作。负责整个项目各分部、分项工程的放线、标高控制、复线工作，并做好放线、标高、复线记录；检查分包单位所做工作是否合格，配合资料员进行技术资料的填写和整理等。

测量员的主要工作内容如下：

（1）需了解设计意图，学习和校核图纸，了解施工部署，制订测量放线方案。

（2）会同建设单位一起对红线桩测量控制点进行实地校测。

（3）与设计、施工等方面密切配合，并事先做好充分的准备工作，制订切实可行的与施工同步的测量放线方案。

（4）须在整个施工的各个阶段和各主要部位做好放线、验线工作，并要在审查测量放线方案和指导检查测量放线工作等方面加强工作，避免返工。

（5）验线工作要主动。验线工作要从审核测量放线方案开始，在各主要阶段施工前，对测量放线工作提出预防性要求，真正做到防患于未然。

（6）负责垂直观测、沉降观测，并记录整理观测结果（数据和曲线图表）。

（7）负责及时整理完善基线复核、测量记录等测量资料。

（8）测量员还应承担项目经理部所安排的其他工作。

第二节　职　场　规　划

一、晋升之路

作为一个建筑行业的菜鸟，刚从校园进入企业以后都面临着到基层工地去锻炼的问题，刚开始到工地的时候可能会对周围的一切事物感到新鲜与好奇，然而经过一段时间的工作和学习以后，相当一部分人就会感觉比较迷茫。由于企业的工作安排和需要，初入职场的菜鸟可能会被安排担任测量员。大部分职场菜鸟都会觉得测量员岗位就是到现场测量放线、测标高、定桩位等，其实这些分项工作的重点与职业发展方向还是存在很大区别的。所以作为初入职场的菜鸟，一定要结合自身的性格、爱好等因素去对自己未来职场道路进行合理的规划，下面我们对测量员这个岗位的阶段性职场道路发展进行详细的剖析。

菜鸟施工员的阶段性职场晋升道路如图 1–4 所示（下面做成金字塔的形状，分成三层）：

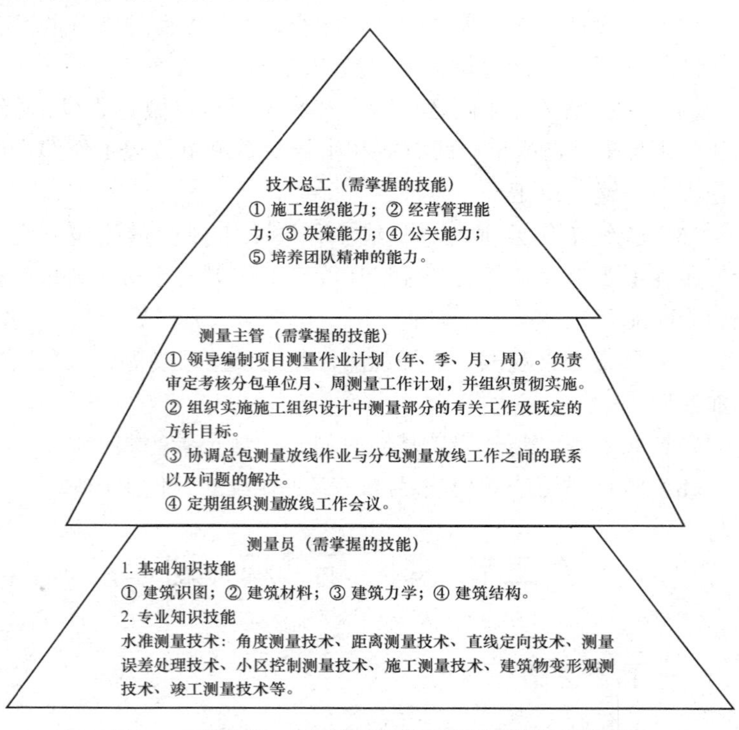

图 1–4　菜鸟施工员的阶段性职场晋升道路示意图

测量员在施工现场经过 3～5 年的历练后一般可以晋升为项目部的测量主管，在担任测量主管期间应尽早地取得执业资格证书，在取得执业资格证书经单位认可后方可担任项目经理或项目部的技术总工。

测量员在晋升路程的过程中不仅要提升自身的技术技能，还应有良好的人际关系。在一个项目中虽然项目经理和项目总工的级别是相等的，但在一些人的眼中，项目经理的权利要比项目总工的权利大一些。让一些人产生这种认识的原因主要是项目经理负责的工作内容是全面的、会与很多个工作部门有接触，而项目总工的主要工作是以技术为主的工作（专业性较强）。

当你来到施工现场以后，经过一段时间对周围环境的了解，应该为自己未来晋升道路有个清晰的认知。在选择职场道路的过程中还应结合自身的性格、特点进行合理的选择，若你的性格比较豪放、善于与他人沟通就比较适合往项目经理的道路上发展；若你的性格比较内向、不善与他人交流、喜欢专注做技术型的工作就比较适合往项目总工的道路上发展。

对于测量员来说，工程测量这项技术必须特别的精通，但是，测量员要想自己的职业道路有更多的选择就要全方面地补充自己所需的技能，若只对测量技术精通往往会被公司安排在和测量有关的工作，干测量出身的人若想成为项目经理或项目总工往往要花费较长的时间。

二、基础准备

（1）技术技能储备。测量员的技术技能储备：对于一个合格的施工员来说首先应掌握每道工序的施工顺序，在此基础上还应对施工工艺的具体做法有着清晰的认知，施工测量技能对于施工员来说需要全面地掌握（如标高控制、水平控制、楼层放线），在此基础上还应对施工质量控制、进场材料性能及验收等技能有着良好的把握。

（2）尽早获得职业资格证书。拥有执业资格证书虽然不一定就能担任项目经理、技术总工等职位，但是没有职业资格证书往往会成为担任这些重要职位的不利因素，因此应该在满足报考条件之后，尽快拿到相关证书。作为一个建筑行业的职场菜鸟要想在职场道路上有更好的发展，一定要重视执业资格证书（一、二建造师）的取得。虽然这些事情对初入职场的菜鸟来说有点遥远，但菜鸟们也要结合自身发展的需要时刻准备着，一、二级建造师的报考条件及相关要求见表 1–2。

表 1–2　　一、二级建造师的报考条件及时限

一级建造师	
	内　　容
报考条件及时限	凡遵守国家法律、法规，具备以下条件之一者，可以申请参加一级建造师执业资格考试： 1. 取得工程类或工程经济类大学专科学历，工作满 6 年，其中从事建设工程项目施工管理工作满 4 年 2. 取得工程类或工程经济类大学本科学历，工作满 4 年，其中从事建设工程项目施工管理工作满 3 年 3. 取得工程类或工程经济类双学士学位或研究生班毕业，工作满 3 年，其中从事建设工程项目施工管理工作满 2 年 4. 取得工程类或工程经济类硕士学位，工作满 2 年，其中从事建设工程项目施工管理工作满 1 年 5. 取得工程类或工程经济类博士学位，从事建设工程项目施工管理工作满 1 年
二级建造师	
	内　　容
报考条件及时限	凡遵纪守法，具备工程类或工程经济类中等专科以上学历并从事建设工程项目施工管理工作满 2 年的人员，可报名参加二级建造师执业资格考试

（3）认真对待职称评定。有些刚入行的菜鸟对于职称评定一事从不放在心上，总觉得自己有能力就行，职称可有可无。与职业资格证书一样，你拥有高级职称并不一定能够担任高级职务，但是在公司选拔人才的时候，职称也是一个重要的基础条件。尤

其是在大家各方面都差不多的时候，如果有职称，肯定会对自己的晋升提供一定的砝码。职称的评定一般为：

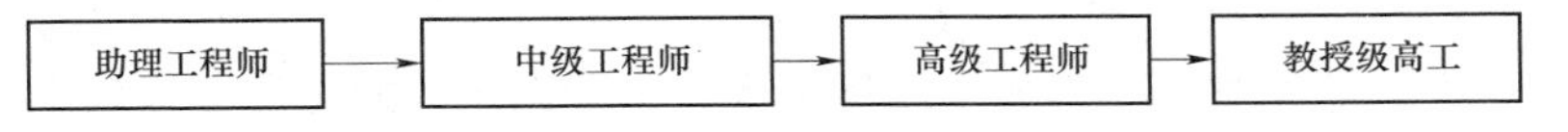

职称评定的条件见表1–3。

表1–3 职称评定的条件

名称	条件
助理工程师（初级职称）	大学本科毕业后从事本工作满1年以上； 大学专科毕业后从事本专业工作满2年以上
中级工程师（中级职称）	大学本科毕业，从事专业技术工作5年以上； 大学专科毕业，从事专业技术工作6年以上
高级工程师（高级职称）	大学本科毕业后，取得中级职务任职资格，并从事中级职务工作5年以上； 参加工作后取得本专业或相近专业的大学本科学历，从事本专业技术工作10年以上，取得中级职务任职资格五年以上

三、良好的人际关系助力职场晋升

对于绝大多数职场人来说，日常与同事相处的时间最为漫长，因此，同事关系融洽与否，是衡量职场幸福指数的重要指标。如何处理好与同事及领导之间的关系，树立正确的交往心态，是每位职场新人的必修课。

1. 态度积极，谦虚好学

作为一个职场新人来说，刚刚来到自己的工作岗位的时候，往往会对周围的一切事物都会感到十分的好奇。由于现在的职场新人一般都是科班出身（或研究生），当他们来到工作岗位以后，经过一段时间的了解会发现周围的很多同事或直接领导的学历都不如自己，有些职场新人可能心里会有一些小骄傲、小满足，觉得那些老员工的能力不如自己。一些职场新人刚来到工作岗位的时候，可能会被安排做一些办公室的琐碎小事（如打扫办公室的卫生、更换桶装水），一些职场新人面对这种事情的时候往往会随着对职场新鲜感的消失而选择抗拒、不服从领导的安排，这样会给人们留下不好的影响。

经验指导：作为一个职场新人，无论你之前的学历多么的出色、能力多么的出众，当你来到一个全新的工作环境中时，你要学会“忘记原来的自己、打造全新的自我”。在建筑行业中，任何人都会是你的老师，不要拿自身的在校经历当资本，因为在这里你就是一个“0”，刚刚进入建筑行业的你千万别看不起周围的那些“老师傅”，如：当你来到工地时，可能都不懂得钢筋是如何加工、安装的，然而这些内容对于那些“老师傅”来说真的是轻车熟路了，他们可能看一遍图纸就会在他们的脑海中出现整个楼层所用钢筋的大概数量。

所以，初入职场的你对待任何事情都要有着积极的态度，不要眼高手低，要做到谦虚好学，这样你就会慢慢地给周围的人留下良好的影响，他们对于你提出的问题也会认真地帮你解答，这有利于工作经验的积累。

2. 与人交谈、注意技巧

无论是在生活还是工作中，与人交谈是避免不了的一件事情。然而有些人说话会让人心中为之一暖，有些人说话却让人十分的反感，这就要求我们在与他人交谈时要注意说话的技巧。在建筑行业中的菜鸟们一定会面临这样一个问题：当面对那些年龄较大的同事或稍比自己年长些的同事却不知该如何称呼，其实在建筑行业中人们都是有职称的，可以直接叫他们的职称（如可以称呼为刘工、王工等）。在工作时，如果和周围的同事不熟悉，不要直接询问其家事（如老家在哪里、家里有几口人等），时间长了，如果你的同事觉得和你关系到了一定的地步，他也会向你提及的；反之，在你和同事不熟悉的情况下就问东问西的，会让人觉得你很冒失。

经验指导：在与人交谈时一定要注意说话的技巧，和人交谈首先观察他人的心情如何，如果同事的心情比较好，你可以和他开一些小玩笑，问问什么事情如此的高兴；相反，在同事心情不好的时候，你就应该注意你说话的态度和语气，用一种关心的语气与同事交谈。如果能够快速地掌握与他们说话的技巧，会对你今后工作的开展有着极大的帮助。

3. 少发意见，多学本领

当你在建筑行业工作一段时间以后，你会慢慢地发现一个规律，这个行业的人大部分都是“急性子”大嗓门。其实这也是受工作环境所限制的原因吧，当你周围的同事因为工作中的一些工作意见在争吵的时候，你不要对他们任意一方的观点发表态度，你只需默默地劝解即可。因为你一旦发表了自己的观点以后，无论你说的对与否，都会让一方感到反感。

经验指导：在同事所说的事情意见不统一的时候，你不要轻易地发表自己的意见，默默地聆听即可，保持着一个“中庸”的态度，因为初入职场的你还没有能力去评价一个意见的对与否，虽然不发表意见，但是也应对双方的意见进行分析，总结出哪些东西是值得自己去学习和注意的，这样不仅会给同事留下一个好的印象，还有利于你快速地吸取经验和不足，不断提升自升的本领和技能。

4. 接受建议，良好定位

当你在建筑行业工作一段时间以后，可能会因为一些工作或生活等方面的事情而受到领导的批评和建议。在你的直接领导或有关领导对你进行批评或建议的时候，切记不要直接顶撞领导，一定要保持着虚心接受的态度，若并非你自身的原因可事后再与领导进行沟通；相反，若直接顶撞领导或对领导的建议置之不理，就会给领导留下“不服从管理”的印象。在工作一段时间以后，一定要对自身有着良好的定位、明确自己现在的不足、日后有哪些需要弥补的地方。

经验指导：当有人对你提出批评和建议的时候，一定要先从自身找原因，找出问题的关键所在，以后不断地弥补和改进，不要对他人的建议和批评置之不理，否则会给人一种“好赖不知”的感觉。对于那些性格较为内向的菜鸟来说，不要因为受到了领导的批评以后就做事缩手缩脚，一定要在不断提升自我的同时勇敢地迈步，给人以一种“后生可畏”的感觉。

第 二 章

建筑工程的划分及工程测量的原 则 及 作 用

第一节　建筑工程的划分

一、建设项目

建设项目：指具有一个设计任务书和总体设计，经济上实行独立核算，管理上具有独立组织形式的工程建设项目。一个建设项目往往由一个或几个单项工程组成。

二、单项工程

单相工程：指在一个建设项目中具有独立的设计文件，建成后能够独立发挥生产能力或工程效益的工程。它是工程建设项目的组成部分，应单独编制工程概预算。

三、单位工程

单位工程：具备独立施工条件并能形成独立使用功能的建筑物和构筑物为一个单位工程。通常将结构独立的主体建筑、室外建筑和室外安装称为单位工程。

四、分项工程

分项工程：对于分部（子分部）工程应按主要工种、材料施工工艺、设备类别等划分为若干个分项工程。

五、分部工程

分部工程：对于单位（子单位）工程按建筑部位或专业性质划分为若干个分部工程。建筑工程通常划分为地基与基础、主体结构、建筑装饰装修、建筑屋面、建筑给排水及采暖、建筑电气、智能建筑、通风与空调、电梯 9 个分部工程。

第二节　建筑工程测量的原则

一、测量工作的基本原则

1. 从整体到局部、先控制后碎部的原则

在接受一项测量工作之后，首先要进行控制测量。控制测量就是根据整个施工范围的情况，结合对施工放线等的要求，明确测量的范围；根据需要和已知条件，在测区内测定若干个具有控制意义的点的平面坐标和高程，来作为测绘地形图或施工放样的依据。这些控制点连接起来，可以组成矩形、多边形或三角形的控制网，构成闭合的几何图形，具有独立校核外业工作的条件。在控制测量中视范围和要求，为满足精度要求并符合经济原则，可采用逐级、从高精度到低精度的方法进行控制网的布设，这就是“从整体到局部”的原则。

控制网测量完成后，就以控制点为基础，在施工测量中通过控制点进行建筑轴线的测设等。地形测量、大比例尺地形图测绘、竣工测量也都是以控制点为基础进行碎部测量，这样不管测区范围多大，都可以统一精度，分区域、分图幅进行

测量工作，衔接的基础就是控制点。这称为“先控制后碎部”的原则。

2. 从高级到低级的原则

测量规范规定，测量控制网应由高级向低级分级布设。如平面三角控制网是按一等、二等、三等、四等、一级、二级和图根网的级别布设，一等网的精度最高，图根网的精度最低。控制网的等级越高，网点之间的距离就越大，点的密度也越疏，控制的范围就越大；控制网的等级越低，网点之间的距离就越小，点的密度也越密，控制的范围就越小。控制测量总是先布设能控制大范围的高级网，再逐级布设次级网加密，通常称这种测量控制网的布设原则为“从高级到低级”。

3. 坚持随时检查的原则

点与点之间的距离、边与边之间夹角的水平角、点与点之间的高差，这些数据是在实地通过仪器、工具测量获得的，这部分工作称为外业。将外业结果进行整理、计算与绘图这部分工作称为内业。这两项工作都必须细心、严谨地进行，记录员、计算员本人做好检核后必须交观测员或第三人认真进行复查，一切测量工作或测设数据的计算都必须随时检查，不允许错误存在。没有对前阶段工作的检查，就不能进行下一阶段的工作，这是测量工作中必须坚持的重要原则。检查复核包括对精度的评定，计算误差是否在规范的容许范围内。若超限则必须针对情况进行分析并及时返工，即在相应范围内重新测量，直至满足要求为止。

二、测量工作的技术术语

测量工作的技术术语见表 2–1。

表 2-1　　　　　　　　测量工作的技术术语

名称	主　要　内　容
测量学	测量学是研究地球的形状和大小以及确定地面点位的科学，是研究对地球整体及其表面和外层空间中的各种自然和人造物体上与地理空间分布有关的信息进行采集处理、管理、更新和利用的科学和技术
测绘	测绘是对地球和其他天体空间数据进行采集、分析、管理、分发和显示的综合过程的活动。其内容包括研究测定、描述地球和其他天体的形状、大小、重力场、表面形态以及它们的各种变化，确定自然地理要素和人工设施的空间位置及属性，制成各种地图和建立有关信息系统
测定	测定是指使用测量仪器和工具，通过测量和计算得到一系列的数据，再把地球表面的地物和地貌缩绘成地形图，供规划设计、经济建设、国防建设和科学研究使用
测设	测设是指将图上规划设计好的建筑物、构筑物位置在地面上标定出来，作为施工的依据
水准面	处处与重力方向垂直的连续曲面称为水准面。任何自由静止的水面都是水准面
大地水准面	静止的平均海水面向陆地延伸，形成一个闭合的曲面包围整个地球，这个闭合曲面称为大地水准面。大地水准面是测量工作的基准面
高程	由平均海水面起算的地面点高度又称海拔或绝对高程。一般也将地图上标记的地面点高程称标高
方位角	从某点的指北方向线起，顺时针方向至另一目标方向线的水平夹角
测段	两相邻水准点间的水准测线
图根点	直接用于测绘地形图碎部的控制点
测站	在实地测量时设置仪器的地点
测量标志	在地面上标定测量控制点（三角点、导线点和水准点等）位置的标石、觇标和其他标记的总称
标石	一般用混凝土或岩石制成，埋于地下（或露出地面），以标定控制点的位置
控制测量	测定控制点平面位置（x，y）和高程（H）的工作，称为控制测量
坐标正算	根据已知点的坐标，已知边长及该边的坐标方位角，计算未知点的坐标，称为坐标的正算
坐标反算	根据两个已经点的坐标求算两点间的边长及其方位角，称为坐标反算
碎部测量	利用测量仪器在某一测站点上测绘各种地物，地貌的平面位置和高程的工作

续表

名称	主 要 内 容
观测条件	测量仪器、观测者和外界环境是引起测量误差的主要原因，因此，把这三方面的因素综合起来称为观测条件
系统误差	在相同的观测条件下，对某量进行一系列观测，如果误差出现的符号和大小均相同或按一定的规律变化，这种误差称为系统误差
偶然误差	在相同的观测条件下对某量进行一系列观测，误差出现的符号和大小都表现出偶然性，即从单个误差来看，在观测前不能预知其出现的符号和大小，但就大量误差总体来看，则具有一定的统计规律，这种误差称为偶然误差
粗差	粗差的产生主要是由于工作中的粗心大意或观测方法不当造成的，错误是可以也是必须避免的。含有粗差的观测成果是不合格的，必须采取适当的方法和措施剔除粗差或重新进行观测
真误差	观测值与真值的差值称为真误差，用Δ表示。真误差是排除了系统误差，又不存在粗差的偶然误差
多余观测	为了提高观测成果的质量，同时也为了检查和及时发现观测值中的错误，在实际工作中观测值的个数多于待求量的个数
相对误差	绝对误差的绝对值与相应测量结果的比值
中误差	在相同观测条件下的一组真误差平方中数的平方根
允许误差	实际工作中，测量规范要求在观测值中不容许存在较大的误差，故常以两倍或三倍中误差作为偶然误差的容许值，称为允许误差
地物	地物是指地面上有明显轮廓的，自然形成的物体或人工建造的建筑物、构筑物、如房屋、道路、水系等

第三节　建筑工程测量的作用

一、建筑工程测量的主要作用

建筑工程测量的主要作用如下：

（1）建筑测量是建筑施工中一项非常重要的工作，在建筑工程建设中有着广泛的应用，它服务于建筑工程建设的每一个阶段，贯穿于建筑工程的始终。在工程勘测阶段，测绘地形图为规划设计提供各种比例尺地形图和测绘资料。

（2）在工程设计阶段，应用地形图进行总体规划和设计。

（3）在工程施工阶段，要将图纸上设计好的建筑物、构筑物的平面位置和高程按设计要求测设于实地，以此作为施工的依据。

（4）在施工过程中的土方开挖，基础和主体工程的施工测量；在施工中还要经常对施工和安装工作进行检验、校核，以保证所建工程符合设计要求。

（5）施工竣工后，还要进行竣工测量，施测竣工图，以供日后改建和维修之用；在工程管理阶段，对建筑和构筑物进行变形观测，以保证工程的安全使用。

（6）由此可见，在工程建设的各个阶段都需要进行测量工作，而且测量的精度和速度直接影响到整个工程的质量与进度。因此，工程技术人员必须掌握工程测量的基本理论、基本知识和基本技能，掌握常用的测量工具的使用方法，初步掌握小地区大比例尺地形图的测绘方法，正确掌握地形图应用的方法，以及具有一般土建工程施工测量的能力。

二、测量工作的要求

测量工作在整个建筑工程建设中起着不可缺少的重要作用，测量速度和质量直接影响工程建设的速度和质量。它是一项非常细致的工作，稍有不慎就会影响工程进度甚至造成返工浪费。因此，要求工程测量人员必须做到以下几点：

（1）树立为建筑工程建设服务的思想，具有对工作负责的精神，坚持严肃认真的科学态度。做到测、算工作步步有校核，确保测量成果的精度。

（2）养成不畏劳苦和细致的工作作风。不论是外业观测，还是内业计算，一定要按现行规范规定作业，坚持精度标准，严守岗位责任制，以确保测量成果的质量。

（3）要爱护测量工具，正确使用仪器，并要定期维护和校验仪器。

（4）要认真做好测量记录工作，要做到内容真实、原始，书写清楚、整洁。

（5）要做好测量标志的设置和保护工作。

测量工作基本知识和基本技能见表 2–2。

表 2–2　　测量工作基本知识和技能

必备技能	内　容
知原理	对测量的基本理论、基本原理要切实知晓并清楚
会用仪器	熟悉钢尺、水准仪、经纬仪和平板仪、全站仪的使用
会测量方法	掌握测量操作技能和方法
会识图用图	能识读地形图和掌握地形图的应用
会施工测量	重点掌握建筑工程施工测量内容

第 三 章

必备技能之建筑工程施工图识读

第一节　建筑施工图识读

一、建筑施工图的组成及特点

（一）施工图的产生

建筑是建筑物和构筑物的总称。建筑物是供人们在其内进行生产、生活或其他活动的房屋（或场所）；构筑物是只为满足某一特定的功能建造的，人们一般不直接在其内进行活动的场所。不同的功能要求产生了不同的建筑类型，如：工厂为了生产，住宅为了居住、生活和休息，学校为了学习，影剧院为了文化娱乐，商店为了买卖交易等。

每一项工程从拟订计划到建成使用都要通过编制工程设计任务书、选择建设用地、场地勘测、设计、施工、工程验收及交付使用等几个阶段。施工图设计工作是其中的重要环节，具有较强的政策性和综合性。

建筑工程设计是指设计一个建筑物或建筑群所要做的全部工作，一般包括建筑设计、结构设计、设备设计等几个方面的内容。

建筑设计是在总体规划的前提下，根据设计任务书的要求，综合考虑基地环境、使用功能、结构施工、材料设备、建筑经济及建筑艺术等问题，着重解决建筑物内部各种使用功能和使用空间的合理安排，建筑物与周围环境、与各种外部条件的协调配合，内部和外表的艺术效果，各个细部的构造方式等，创造出既符合科学性又具有艺术性的生产和生活环境。建筑设计包括总体设计和个体设计两个方面，一般是由建筑师来完成。

1. 建筑设计的程序

建筑设计是一项复杂细致的工作，涉及的学科较多，同时要受到各种客观条件的制约。为了保证设计质量，设计前必须做好充分准备，包括熟悉设计任务书，广泛深入地进行调查研究，收集必要的设计基础资料等方面的工作。

（1）落实设计任务。建设单位必须具有上级主管部门对建设项目的批准文件、城市建设部门同意的设计手续。

（2）熟悉设计任务书。设计任务书是经上级主管部门批准提供给设计单位进行设计的依据性文件，设计任务书的内容包括以下几方面内容：

1）建设项目总的要求、用途、规模及一般说明。

2）建设项目的组成，单项工程的面积，房间组成，面积分配及使用要求。

3）建设项目的投资及单方造价，土建设备及室外工程的投资分配。

4）建设基地大小、形状、地形，原有建筑及道路现状，并附地形测量图。

5）供电、供水、采暖、空调通风、电信、消防等设备方面的要求，并附有水源、电源的接用许可文件。

6）设计期限及项目建设进度计划安排要求。

在熟悉设计任务书的过程中，设计人员应认真对照有关定额指标，校核任务书的使用面积和单方造价等内容。同时，设计人员在深入调查和分析设计任务书以后，从全面解决使用功能，满足技术要求，节约投资等考虑，从场地的具体条件出发，也可以对任务书中某些内容提出补充和修改，但必须征得建设单位的同意。

（3）调查研究、收集必要的设计原始数据。除设计任务书提供的资料外，还应当收集有关的原始数据和必要的设计资料，如：建设地区的气象、水文地质资料；水电等设备管线资料；场地环境及城市规划要求；施工技术条件及建筑材料供应情况；与设计项目有关的定额指标及已建成的同类型建筑的资料等。

以上资料除有些由建设单位提供和向技术部门收集外，还可采用调查研究的方法，其主要内容如下：

1）访问使用单位对建筑物的使用要求，调查同类建筑在使用中出现的情况，通过分析和总结，全面掌握所设计建筑物的特点和要求。

2）了解建筑材料供应和结构施工等技术条件，如地方材料的种类、规格、价格，施工单位的技术力量、构件预制能力，起重运输设备等条件。

3）现场勘察，对照地形测量图深入了解现场的地形、地貌、周围环境，考虑拟建房屋的位置和总平面布局的可能性。

4）了解当地传统经验、文化传统、生活习惯及风土人情等，房屋的位置和总平面布局的可能性。

2. 设计阶段的划分

建筑设计过程根据工程复杂程度、规模大小及审批要求，划分为不同的设计阶段。设计过程一般划分为两个阶段，即初步设计（或扩大初步设计）和施工图设计。重大项目和技术复杂项目，可根据其特点和需要按三阶段设计，即初步设计、技术设计、施工图设计。除此之外，大型民用建筑工程设计，在初步设计之前应当提出方案设计供建设单位和城建部门审查。对于一般工程，这一阶段可以省略，把有关工作并入初步设计阶段。

（1）初步设计阶段。

1）任务与要求。初步设计是对批准的设计任务书提出的内容进行概略的计划，作出初步的规定。它的任务是在指定的地点、控制的投资额和规定的限期内，保证拟建工程在技术上的可靠性和经济上的合理性，对建设项目作出基本的技术方案，同时编制出项目的设计总概算。根据设计任务书的要求和收集到的必要基础资料，结合基地环境，综合考虑技术经济条件和建筑艺术的要求，对建筑总体布置、空间组合进行可能与合理的安排，提出两个或多个方案供建设单位选择。在已确定方案基础上，进一步充实完善，综合成为较理想的方案并绘制成初步设计供主管部门审批。

2）初步设计的图纸和文件。初步设计一般包括设计说明书、设计图纸、主要设备材料表和工程概算等四部分，具体的图纸和文件见表 3–1。

表 3–1　　图纸和文件的主要内容

名称	主 要 内 容
设计总说明	设计指导思想及主要依据，设计意图及方案特点，建筑结构方案及构造特点，建筑材料及装修标准，主要技术经济指标以及结构、设备等系统的说明
建筑总平面图	比例 1:500、1:1000，应表示用地范围，建筑物位置、大小、层数及设计标高，道路及绿化布置，技术经济指标、地形复杂时，应表示粗略的竖向设计意图
各层平面图、剖面图、立面图	比例 1:100、1:200，应表示建筑物各主要控制尺寸，如总尺寸、开间、进深、层高等，同时应表示标高、门窗位置、室内固定设备及有特殊要求的厅、室的具体布置、立面处理、结构方案及材料选用等
工程概算书	建筑物投资估算，主要材料用量及单位消耗量
大型民用建筑及其他重要工程	必要时可绘制透视图、效果图或制作模型

3）初步设计经建设单位同意和主管部门批准后，就可以进行技术设计。技术设计是初步设计具体化的阶段，也是各种技术问题的定案阶段。主要任务是在初步设计的基础上进一步解决各种技术问题，协调各工种之间技术上的矛盾。经批准后的技术图纸和说明书即为编制施工图、主要材料设备订货及工程拨款的依据文件。

（2）技术设计阶段。技术设计的图纸和文件与初步设计大致相同，但更详细些。具体内容包括整个建筑物和各个局部的具体做法，各部分确切的尺寸关系，内外装修的设计，结构方案的计算和具体内容，各种构造和用料的确定，各种设备系统的设计和计算，各技术工种之间种种矛盾的合理解决，设计预算的编制等。这些工作都是在有关各技术工种共同商议之下进行的，并应相互认可。对于不太复杂的工程技术设计阶段可以省略，把这个阶段的一部分工作纳入初步设计阶段（承担技术设计部分任务的初步设计称为扩大初步设计），另一部分工作留待施工图设计阶段进行。

（3）施工图设计阶段。

1）任务与要求。施工图设计是建筑设计的最后阶段，是提交施工单位进行施工的设计文件，必须根据上级主管部门审批同意的初步设计（或技术设计）进行施工图设计。施工图设计的主要任务是满足施工要求，即在初步设计或技术设计的基础上，综合建筑、结构、设备各工种、相互交底、核实核对，深入了解材料供应、施工技术、设备等条件，把满足工程施工的各项具体要求反映在图纸中，做到整套图纸齐全统一，明确无误。

2）施工图设计的图纸和文件。施工图设计的内容包括建筑、结构、水电、电信、采暖、空调通风、消防等工种的设计图纸及设备计算书和预算书。具体图纸和文件包括以下几类。

① 建筑总平面图：比例 1:500、1:1000、1:2000。应表明建筑用地范围，建筑物及室外工程（道路、围墙、大门、挡土墙等）位置，尺寸、标高、建筑小品，绿化美化设施的布置，并附必要的说明及详图，技术经济指标，地形及工程复杂时应绘制竖向设计图。

② 建筑物各层平面图、立面图、剖面图：比例 1:50、1:100、1:200。除表达初步设计或技术设计内容以外，还应详细标出门窗洞口及必要的细部尺寸、详图索引。

③ 建筑构造详图：建筑构造详图包括平面节点、檐口、墙身、阳台、楼梯、门窗、室内装修、立面装修等详图。应详细表示各部分构件关系、材料尺寸及做法、必要的文字说明。根据节点需要，比例可分别选用 1:20、1:10、1:5、1:2、1:1 等。

④ 各工种相应配套的施工图纸，如基础平面图、结构布置图、钢筋混凝土构件详图、建筑防雷接地平面图等。

⑤ 设计说明书：包括施工图设计依据。

（二）施工图的图示特点

施工图的图示特点如下：

（1）施工图中的各图样，主要是用正投影法绘制的。通常，在 H 面上作平面图，在 V 面上作正、背立面图和在 W 面上作剖面图或侧立面图。在图幅大小允许下，可将平、立、剖面三个图样，按投影关系画在同一张图纸上，以便于阅读。如果图幅过小，平、立、剖面图可分别单独画出。

（2）房屋形体较大，所以施工图一般都用较小比例绘制。由于房屋内各部分构造较复杂，在小比例的平、立、剖面图中无法表达清楚，所以还要配以大量较大比例的详图。

（3）由于房屋的构、配件和材料种类很多，为作图简便起见，国家标准规定了一系列的图形符号来代表建筑构配件、卫生设备、建筑材料等，这种图形符号称为“图例”。为读图方便，国家标准还规定了许多标注符号。

二、建筑施工图的识读步骤和方法

在识读整套图纸时，应按照“总体了解、顺序识读、前后对照、重点细读”的读图方法。

1. 总体了解

一般是先看目录、总平面图和施工总说明，以大体了解工程概况，如工程设计单位、建设单位、新建房屋的位置、周围环境、施工技术要求等。对照目录检查图纸是否齐全，采用了哪些标准图并准备齐全这些标准图。然后看建筑平、立面图和剖视图，大体上想象一下建筑物的立体形象及内部布置。

2. 顺序识读

在总体了解建筑物的情况以后，根据施工的先后顺序，看建筑施工图时，应先看总平面图和平面图，并且要和立面图、剖面图结合起来看，然后再看详图。从基础、墙体（或柱）结构平面布置、建筑构造及装修的顺序，仔细阅读有关图纸。

3. 前后对照

读图时，要注意平面图、剖视图对照着读，建筑施工图和结构施工图对照着读，土建施工图与设备施工图对照着读，做到对整个工程施工情况及技术要求心中有数。

4. 重点细读

根据工种的不同，将有关专业施工图再有重点地仔细读一遍，并将遇到的问题记录下来，及时向设计部门反映。

识读一张图纸时，应按由外向里看，由大到小、由粗到细、图样与说明交替、有关图纸对照看的方法，重点看轴线及各种尺寸关系。

5. 仔细阅读说明或附注

凡是图样上无法表示而又直接与工程质量有关的一些要求，往往在图纸上用文字说明表达出来。这些都是非看不可的，它会告诉我们很多情况。如某建筑物的建筑设计说明中，说明工程的结构形式为砖混结构，内外墙均做保温，采用分户计量管道等。说明中，有些内容在图样上无法表示，但又是施工人员必须掌握的。因此，必须认真阅读文字说明。

要想熟练地识读施工图，除了要掌握投影原理、熟悉国家制图标准外，还必须掌握各专业施工图的用途、图示内容和方法。此外，还要经常深入到施工现场，对照图纸，观察实物，这也是提高识图能力的一个重要方法。

施工技术人员要加强专业技术学习，要重视贯彻执行设计思想，将设计图纸上的内容，准确无误地传达给施工操作人员，并随时在施工过程中检查核对，确保工程施工的顺利进行。

一套房屋施工图纸，简单的有几张，复杂的有十几张，几十张甚至几百张。阅读时应首先根据图纸目录，检查和了解这套图纸有多少类别，每类有几张。如有缺损或需用标准图和重复利用旧图纸时，要及时配齐。再按目录顺序（按“建施”“结施”“设施”的顺序）通读一遍，对工程对象的建设地点、周围环境、建筑物的大小及形状、结构形式和建筑关键部位等情况先有一个概括的了解。然后，负责不同专业（或工种）的技术人员，根据不同要求，重点深入地看不同类别的图纸。

三、建筑总平面图识读实例解析

下面以某小区总平面图为例说明建筑总平面图的识读方法，如图 3–1 所示。

四、建筑立面图识读实例解析

建筑立面图的识读以图 3–2 为例进行解读。

立面图识读经验指导：首先，建筑立面是为满足施工要求而按正投影绘制的，分别为正立面、背立面和侧立面。而一般人看到的是两个面。因此，在推敲建筑立面时不能孤立地处理每个面，必须注意几个面的协调统一；其次，建筑造型是一种空间艺术，研究立面造型不能只局限在立面的尺寸大小和形状，还应结合平面和剖面进行研究；再次，立面是在符合功能和结构要求的基础上，对建筑空间造型的进一步深化。

五、建筑平面图识读实例解析

建筑平面图的识读以图 3–3 为例进行解读。

建筑平面图识读经验指导如下：

（1）每层平面图，先从轴线间距尺寸开始，记住开间、进深尺寸，再看墙厚和柱的尺寸以及它们与轴线的关系，门窗尺寸和位置等。宜按先大后小、先粗后细、先主体后装修的步骤阅读，最后可按不同的房间，逐个掌握图纸上表达的内容。

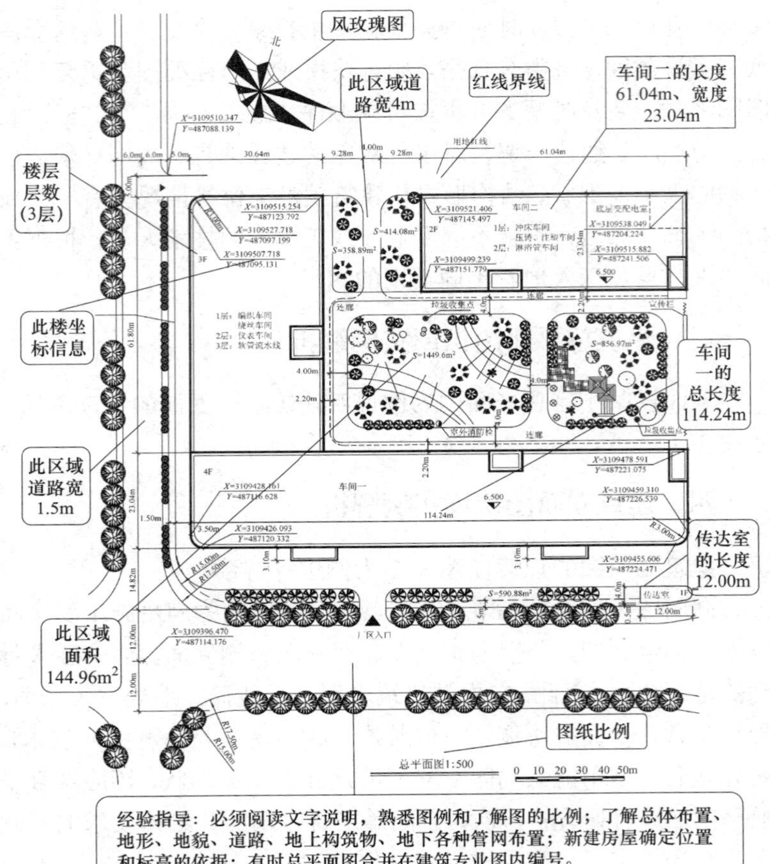

图 3–1 总平面图

（2）认真校核各处的尺寸和标高有无注错或遗漏的地方。

（3）细心核对门窗型号和数量。掌握内装修的各处做法。统计各层所需过梁型号、数量。

六、建筑剖面图识读实例解析

建筑剖面图的识读以图 3–4 为例进行解读。

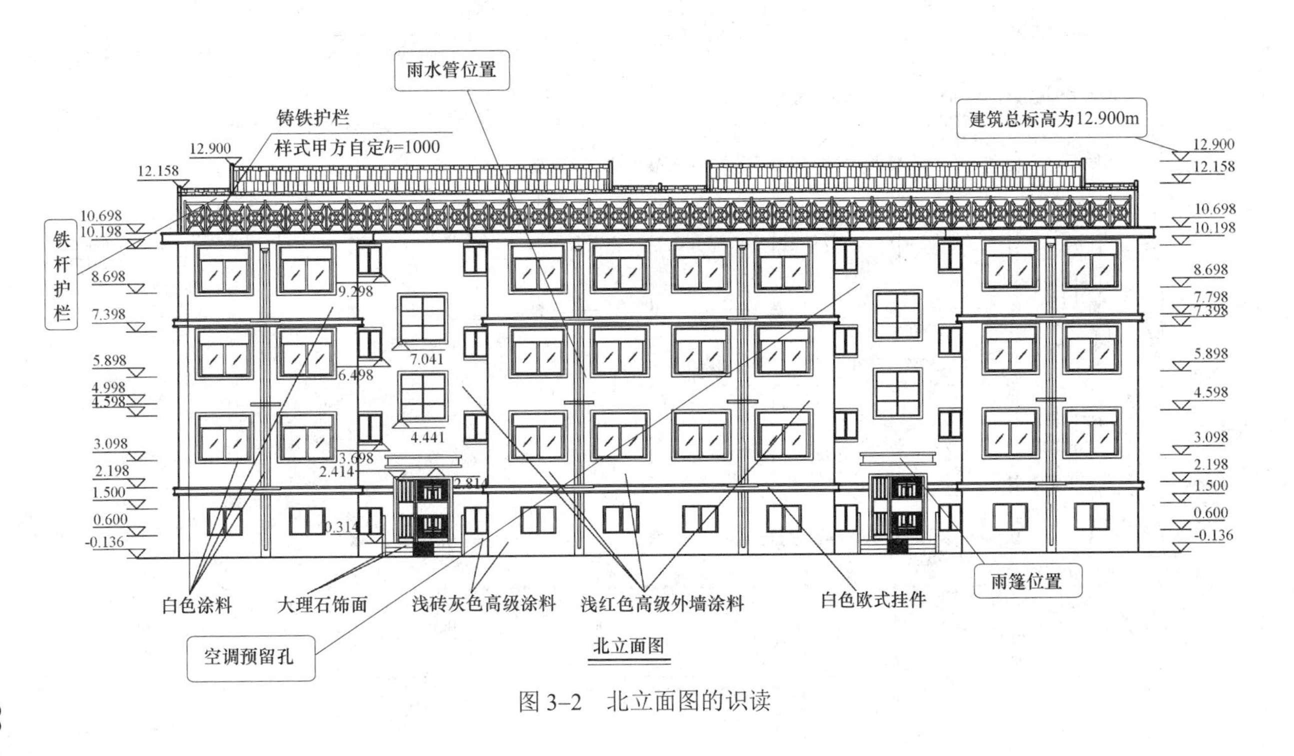
雨水管位置
铸铁护栏
样式甲方自定h=1000
建筑总标高为12.900m
12.900
12.158
10.698
10.198
铁杆护栏
8.698
7.798
7.398
5.898
4.998
4.598
3.098
2.198
1.500
0.600
-0.136
9.298
7.041
6.498
4.441
3.698
2.414
2.814
0.314
白色涂料
大理石饰面
浅砖灰色高级涂料
浅红色高级外墙涂料
白色欧式挂件
雨篷位置
空调预留孔
北立面图

图 3-2　北立面图的识读

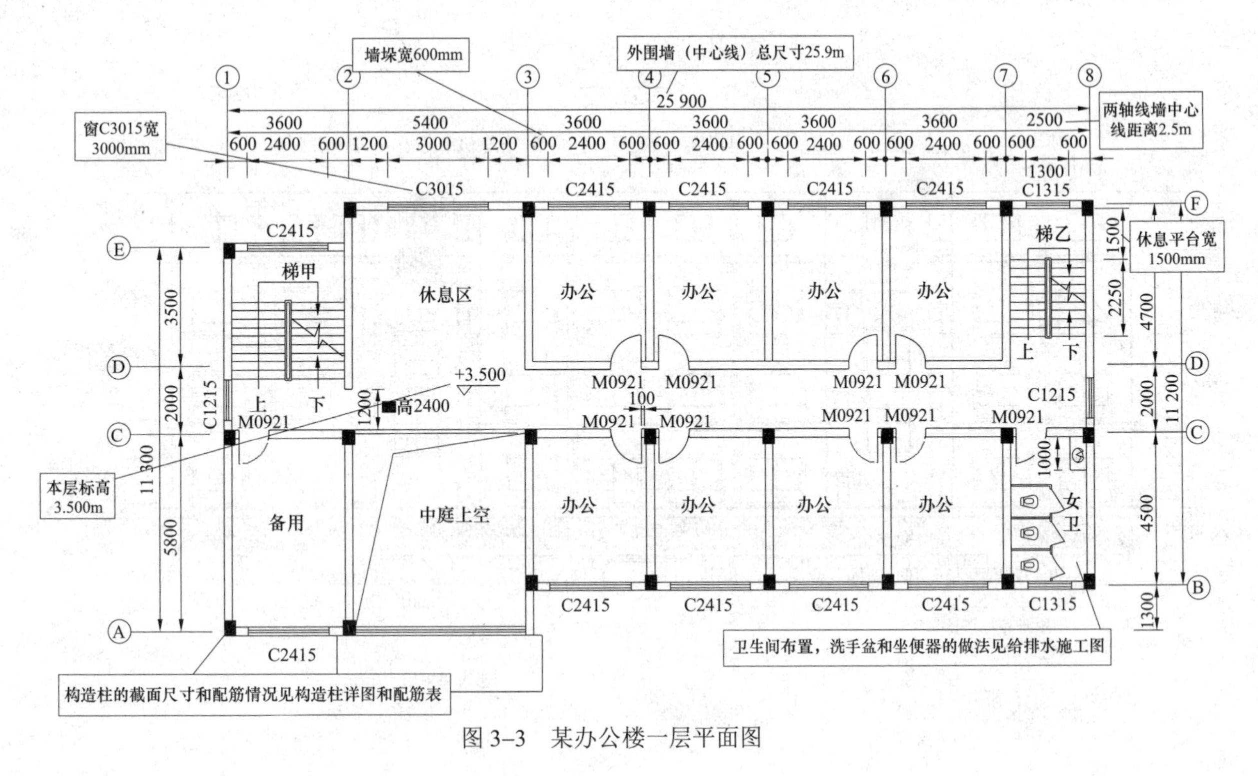

图 3–3　某办公楼一层平面图

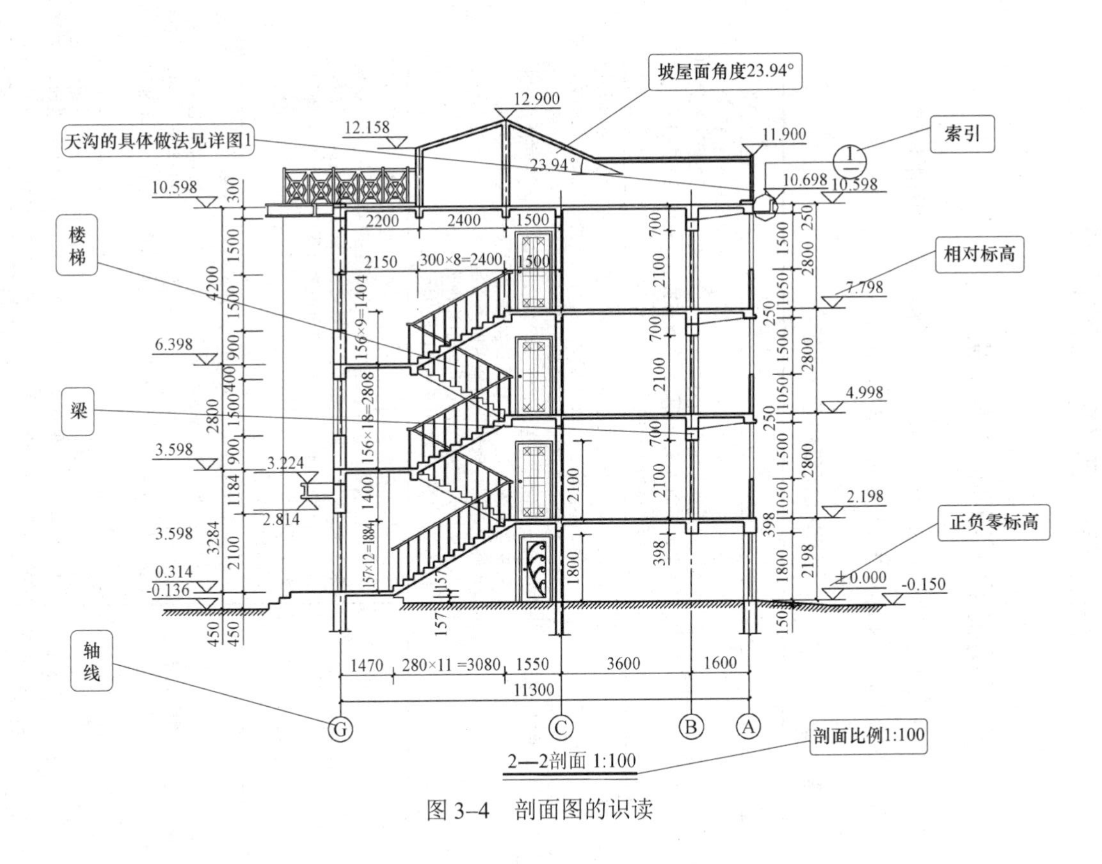
坡屋面角度23.94°
天沟的具体做法见详图1
索引
楼梯
相对标高
梁
正负零标高
轴线
剖面比例1:100
2—2剖面 1:100

图 3-4　剖面图的识读

第二节　结构施工图识读

一、结构施工图识读的基本要领

为了能够快速地读懂施工图，往往要懂得识读图纸的基本要领，识读施工图的基本要领见表 3–2。

表 3–2　　识读图纸的基本要领

识读要点	具体识读方法
由大到小，由粗到细	在识读建筑施工图时，应先识读总平面图和平面图，然后结合立面图和剖面图的识读，最后识读详图；在识读结构施工图时，首先应识读结构平面布置图，然后识读构件图，最后才能识读构件详图或断面图
仔细识读设计说明或附注	在建筑工程施工图中，对于拟建建筑物中一些无法直接用图形表示的内容，而又直接关系到工程的做法及工程质量，往往以文字要求的形式在施工图中适当的页次或某一张图纸中适当的位置表达出来。显然，这些说明或附注同样是图纸中的主要内容之一，不但必须看，而且必须看懂并且认真、正确地理解。例如，建施中墙体所用的砌块，正常情况下均不会以图形的形式表示其大小和种类，更不可能表示出其强度等级，只好在设计说明中以文字形式来表述
牢记常用图例和符号	在建筑工程施工图中，为了表达的方便和简捷，也让识读人员一目了然，在图样绘制中有很多的内容采用符号或图例来表示。因此，对于识读人员务必牢记常用的图例和符号，这样才能顺利地识读图纸，避免识读过程中出现“语言”障碍。施工图中常用的图例和符号是工程技术人员的共同语言或组成这种语言的字符
注意尺寸及其单位	在图纸中的图形或图例均有其尺寸，尺寸的单位为“米（m）”和“毫米（mm）”两种，除了图纸中的标高和总平面图中的尺寸用米为单位外，其余的尺寸均以毫米为单位，且对于以米为单位的尺寸在图纸中尺寸数字的后面一律不加注单位，共同形成一种默认
不得随意变更或修改图纸	在识读施工图过程中，若发现图纸设计或表达不全甚至是错误时，应及时准确地做出记录，但不得随意地变更设计，或轻易地加以修改，尤其是对有疑问的地方或内容，可以保留意见。在适当的时间，对设计图纸中存在的问题或合理性的建议，向有关人员提出，并及时与设计人员协商解决

二、建筑基础图识读实例解析

下面以某楼基础平面图为例说明基础平面图的识读方法，如图 3–5 所示。

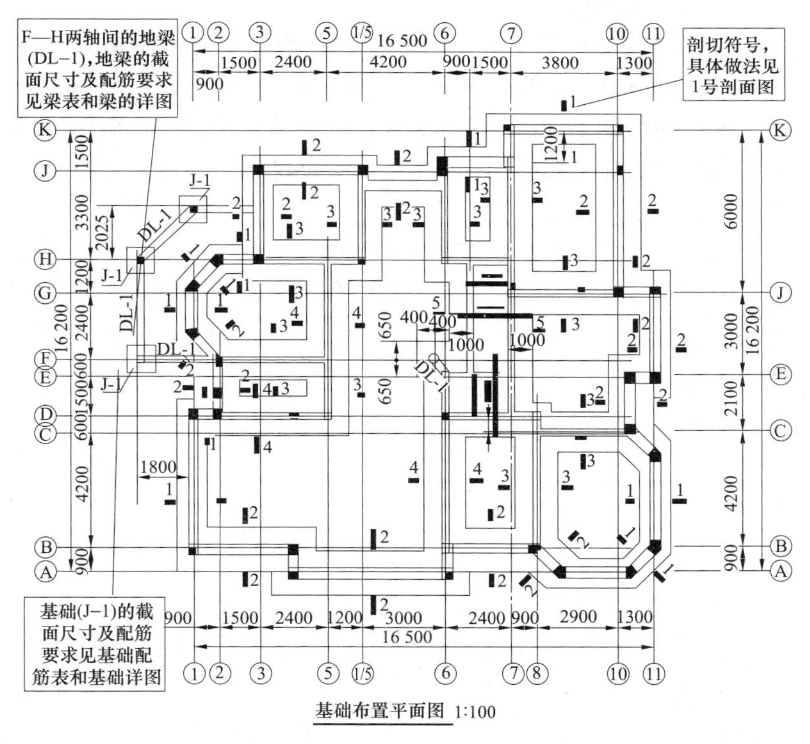

图 3–5　基础平面布置图

建筑基础平面图识读经验指导：① 基础平面图的比例应与建筑平面图相同，常用比例为 1:100、1:200；② 基础平面图的定位轴线及其编号和轴线之间的尺寸应与建筑平面图一致；③ 从基础平面图上可看出基础墙、柱、基础底面的形状、大小及基础与轴线的尺寸关系。

三、结构平面图识读实例解析

下面以某楼楼盖、屋盖结构平面图为例说明结构平面图的识读方法，如图 3–6 所示。

结构平面图识读经验指导如下：

（1）楼盖结构图主要是表示楼盖各构件之间的平面关系的图样，它需与建筑平面图及墙身剖面图配合阅读；楼盖结构平面图主要分为结构平面图、剖面详图与文字说明三部分；结构平面图包括一层楼盖结构平面图、标准层楼盖结构平面图与屋盖结构平面图。

（2）读图时，我们应先看文字说明，再从一层结构平面图开始，由下向上依次识读二层、三层到顶层，但在中间，会有几层结构图完全相同的情况，我们将其画在一张图中，在图名中加以注明，这就是我们将说的标准层。

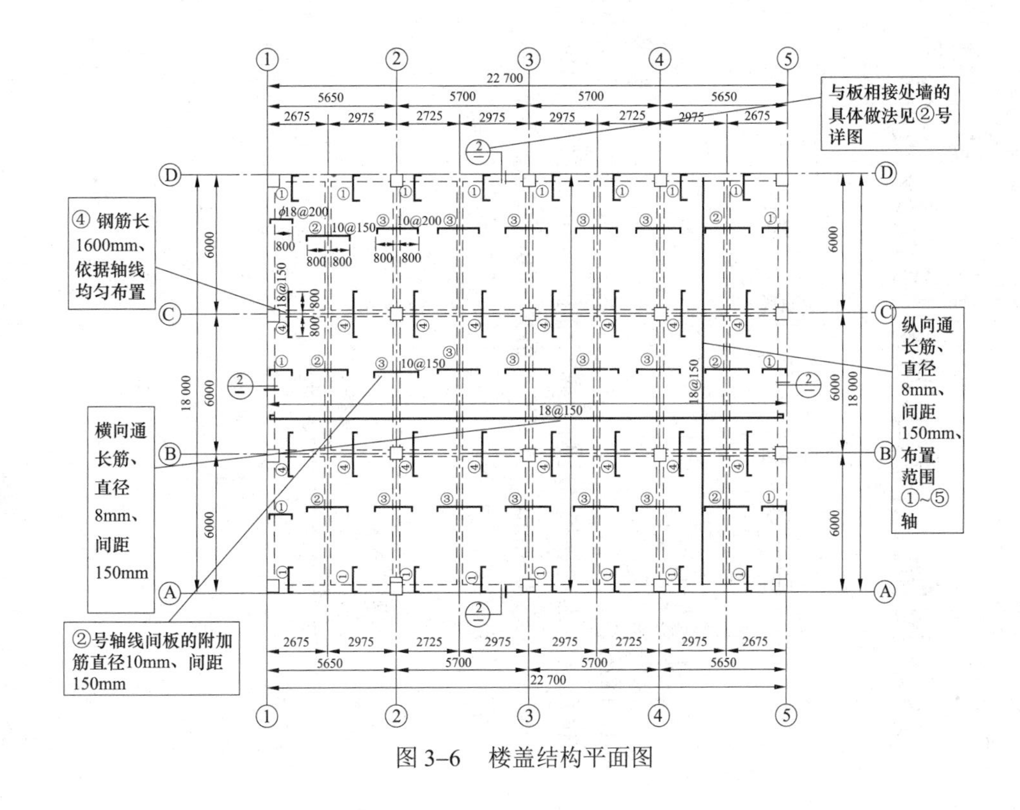
与板相接处墙的具体做法见②号详图
④ 钢筋长1600mm、依据轴线均匀布置
横向通长筋、直径8mm、间距150mm
纵向通长筋、直径8mm、间距150mm、布置范围①~⑤轴
②号轴线间板的附加筋直径10mm、间距150mm
22 700
5650
5700
2675
2975
2725
6000
18 000
ϕ18@200
10@150
10@200
18@150
800

图 3-6　楼盖结构平面图

第 四 章

必备技能之距离测量与直线定向

第一节 钢 尺 量 距

一、丈量工具

1. 钢尺

钢尺又称为钢卷尺，是钢制成的带状尺，尺的宽度为 10～15mm，厚度约 0.4mm，长度有 20m、30m、50m 等数种。钢尺可以卷放在圆形的尺壳内，也可以卷放在金属尺架上（图 4–1）。

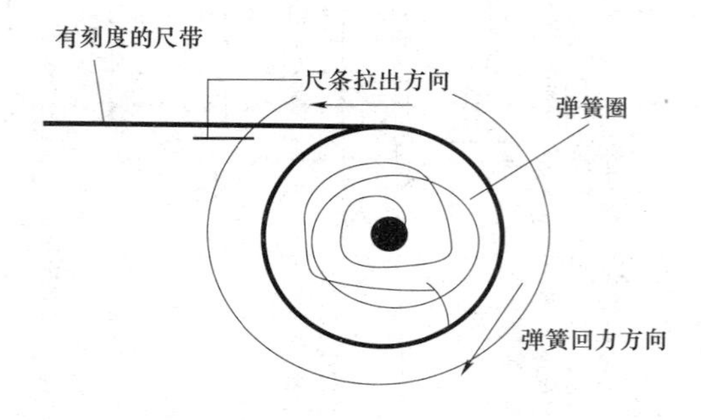

图 4–1 钢尺结构示意图

钢尺的基本分划为厘米，每厘米及每米处刻上数字注记，全长或尺端刻上毫米分划（图 4–2）。按尺的零点刻画位置，钢尺可分为端点尺和刻线尺两种，钢尺的尺环外缘作为尺子零点的称为端点尺，尺子零点位于钢尺尺身上称为刻线尺。

图 4–2　钢尺及其划分

2. 皮尺

皮尺（图 4–3）是用麻线或加入金属丝织成的带状尺。长度有 20m，30m，50m，…数种。也可卷放在圆形的尺壳内，尺上基本分划为厘米。

知识拓展：皮尺携带和使用都很方便，但是容易伸缩，量距精度低，一般用于低精度的地形的细部测量和土方工程的施工放样等

图 4–3　皮尺

3. 花杆和测钎

花杆（图 4–4）又称为标杆，是由度径 3～4cm 的圆木杆制成，杆上按 20cm 间隔涂有红、白油漆，杆底部装有锥形铁脚，上要用来标点和定线，常用的有长 2m 和 3m 两种，也有金属制成的花杆，有的为节数，用时可通过螺旋连接，携带较方便。

知识扩展：测钎用粗铁丝做成，长30～40cm，按每组6根或11根，套在一个大环上，测钎主要用来标定尺段端点的位置和计算所丈量的尺段数。

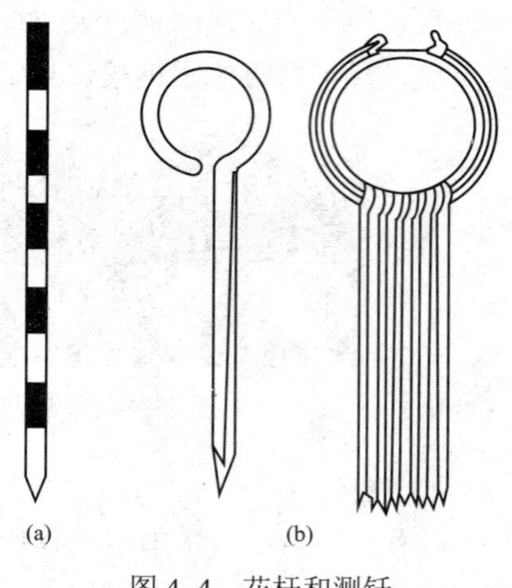

图4–4　花杆和测钎
（a）花杆；（b）测钎

二、直线定线

在距离丈量中，当地面上两点之间距离较远，不能用一尺段量完，这时，就需要在两点所确定的直线方向上标定若干中间点，并使这些中间点位于同一直线上，这项工作称为直线定线。根据丈量的精度要求可用标杆目测定线和经纬仪定位。

1. 测定线

（1）两点间通视时花杆目测定线。如图4–5所示，设A、B两点互相通视，要在A、B两点间的直线上标出1、2中间点。先在A、B点上竖立花杆，甲站在A点花杆后约1m处，目测花杆的同侧，由A瞄向B，构成一视线，并指挥乙在1附近左右移动花杆，直到甲从A点沿花杆的同一侧看到A、1、B三支花杆同在一条线上为止。同法可以定出直线上的其他点。两点间定线，

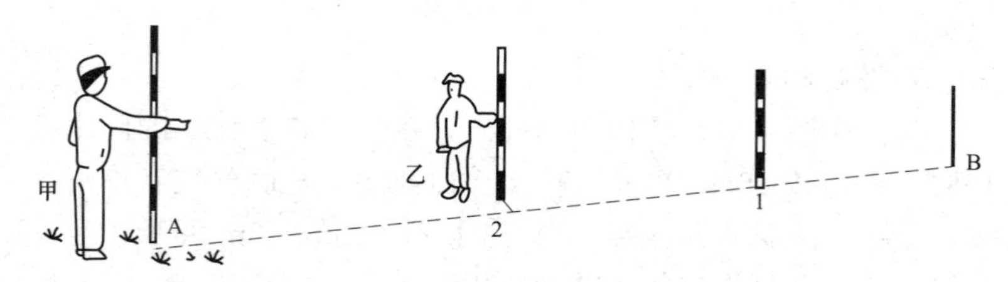

图4–5　两点间目测定线

一般应由远到近进行定线。定线时，所立花杆应竖直。此外，为了不挡住甲的视线，乙持花杆应站立在垂直于直线方向的一侧。

（2）两点间不通视时花杆目测定线。如图 4–6 所示，A、B 两点互不通视，这时可以采用逐渐趋近法定直线。现在 A、B 两点竖立花杆，甲、乙两人各持花杆分别站在 C_1 和 D_1 处，甲要站在可以看到 B 点处，乙要站在可以看到 A 点处。先由站在 C_1 的甲指挥乙移动至 BC_1 直线上的 D_1 处，然后由站在 D_1 处的乙指挥甲移动至 AD_1 直线上的 C_2 处，接着再由站在 C_2 处的甲指挥乙移动至 D_2 处，纸样逐渐趋近，直到 C、D、B 三点在同一直线上，则说明 A、C、D、B 在同一直线上。

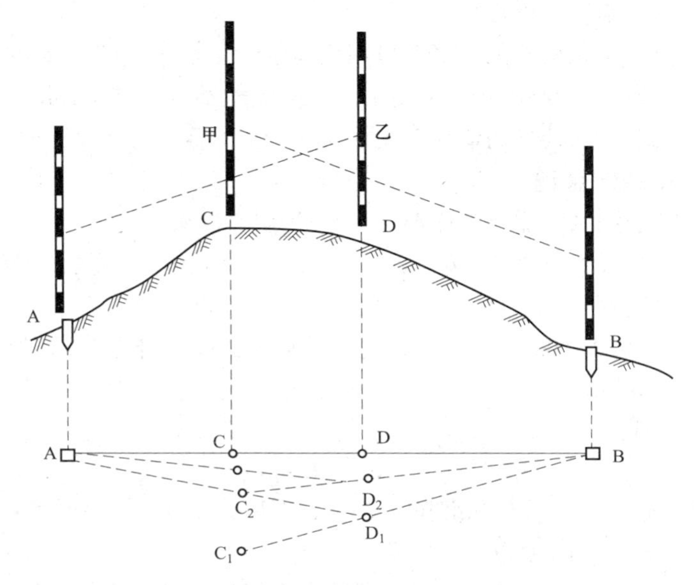

图 4–6 两点间不通视时花杆目测定线

2. 经纬仪定线

精确丈量时，为保证丈量的精度，需用经纬仪定线。

三、钢尺的精密量距

1. 丈量方法

直线丈量精度较高时，需采用精密丈量方法。丈量方法与一般方法相同，需要注意以下几点：

（1）必须采用经纬仪定线，且在分点上定木桩，桩高出地面2～4cm，再用经纬仪在木桩桩顶精确定线。

（2）丈量两个相邻点间的倾斜长度，测量其高差。每尺段要用不同的尺位读取三次读数，三次算出的尺段长度其较差如不超过2～3mm，取其平均值作为丈量结果。每量一个尺段，均要测量温度，温度值按要求读至0.5℃或1℃。同法丈量各尺段长度，当往测完毕后，再进行返测。

（3）量距精度为1/40 000时，高差较差不应超过±5mm；量距精度为1/10 000～1/20 000时，高差较差不应超过±10mm。若符合要求，取其平均值作为观测结果。

2. 成果整理

精密测量时需要考虑温度、拉力等因素。

（1）尺长方程式。为了改正量取的名义长度，获得实际距离，需要对使用的钢尺进行检定。通过检定，求出钢尺在标准拉力（30m钢尺为100N）、标准温度（通常为20℃）下的实际长度，给出标准拉力下尺长随温度变化的函数关系式，这种关系式称尺长方程式

$$l_t=l_o+\Delta l_o+\alpha(t-t_o)l_o$$

式中 l_t——钢尺在标准拉力F下、温度为t时的实际长度；

l_o——钢尺的名义长度；

Δl_o——在标准拉力、标准温度下钢尺名义长度的改正数，等于实际长度减去名义长度；

α——钢尺的线膨胀系数，即温度变化1℃，单位钢尺长度的变化量；

t——量距时的钢尺温度，℃；

t_0——标准温度，通常为20℃。

（2）各尺段平距的计算。精密量居中，每一实测的尺段长度，都需要进行尺长改正、温度改正、倾斜改正，以求出改正后的尺段平距。

各尺段的水平距离求和，即为总距离。往、返总距离算出后，按相对误差评定精度。当精度符合要求时，取往、返测量的平均值作为距离丈量的最后结果。

四、钢尺量距误差分析及注意事项

1. 钢尺量距的误差分析内容

（1）定线误差：分段丈量时，距离也应为直线，定线偏差使其成为折线，与钢尺不水平的误差性质一样使距离量长了。前者是水平面内的偏斜，而后者是竖直面内的偏斜。

（2）温度误差：由于用温度计测量温度，测定的是空气的温度，而不是钢尺本身的温度。在夏季阳光暴晒下，此两者温度之差可大于5℃。因此，钢尺量距宜在阴天进行，并要设法测定钢尺本身的温度。

（3）尺长误差：钢尺必须经过检定以求得其尺长改正数。尺长误差具有系统积累性，它与所量距离成正比。精密量距时，钢尺虽经检定并在丈量结果中进行了尺长改正，但其成果中仍存在尺长误差，因为一般尺长检定方法只能达到0.5mm左右的精度。在一般量距时可不作尺长改正。

（4）拉力误差：钢尺具有弹性，会因受拉力而伸长。量距时，如果拉力不等于标准拉力，钢尺的长度就会产生变化。精密量距时，用弹簧秤控制标准拉力，一般量距时拉力要均匀，不要或大或小。

（5）尺子不水平的误差：钢尺量距时，如果钢尺不水平，总是使所量距离偏大。精密量距时，测出尺段两端点的高差，进行倾斜改正。常用普通水准测量的方法测量两点的高差。

（6）丈量本身的误差：它包括钢尺刻画对点的误差、插测钎的误差及钢尺读数误差等。这些误差是由人的感官能力所限而产生，误差有正有负，在丈量结果中可以互相抵消一部分，但仍是量距工作的一项主要误差来源。

2. 钢尺量距注意事项

（1）钢尺的维护：钢尺易生锈，工作结束后，应用软布擦去尺上的泥和水，涂上机油，以防生锈。

（2）钢尺易折断，如果钢尺出现弯曲，切不可用力硬拉。

（3）在行人和车辆多的地区量距时，中间要有专人保护，严防尺子被车辆压过而折断。

（4）收卷钢尺时，应按顺时针方向转动钢尺摇柄，切不可逆转，以免折断钢尺。

五、钢尺量距计算实例与解析

已知：某尺段实测距离为 28.569 9m，量距所用钢尺长方程式为：L=30+0.005+0.000 012 5×30(t–20)m，丈量时温度为 30℃，所测高差为 0.238，求水平距离。

解：① 尺长改正Δl_o=0.005/30×28.569 9=0.004 8

② 温度改正Δl_t=0.000 012 5×(30–20)×28.569 9=0.003 6

③ 倾斜改正Δl_k=0.238^2/2×28.569 9=0.809

④ 水平距离 28.569 9+0.004 8+0.003 6–0.000 8=28.577 5

第二节 视距测量距离

一、视距测量的原理

视距测量是使用水准仪或经纬仪配合水准尺进行距离测量的一种测距方法，其优点是操作比较简单、观测速度较快，而且具有一定的精度。利用经纬仪还可以通过测定竖直角间接测定水平距离和高差。这种方法一般用于地形测图中或仅需要得到距离而对精度要求并不是很高的情况。

二、水平视线下的视距测量

水平视线下进行视距测量的方法按照使用仪器的不同可分为水准仪视距测量和经纬仪视距测量。

1. 水准仪视距测量

如图 4–7 所示，欲测定 AB 两点间的水平距离 D_{AB}，首先将水准仪安置于 A 点（或 B 点）上进行大致对中和整平，在另一点上铅垂竖立一根水准尺。旋转望远镜概略照准水准尺，进行对光并消除视差，精密整平望远镜使视线水平。以望远镜十字丝的上丝和下丝在水准尺上读取相应的读数 m、n，则 AB 两点间的水平距离 D_{AB} 为

$$D_{AB}KL=K(m-n)$$

式中 K——视距常数，一般取 K=100；

L——上、下丝读数 m、n 的差值（取绝对值），称为视距间隔。

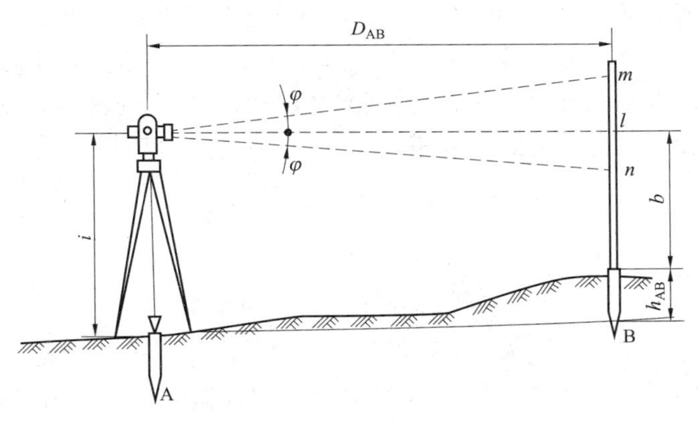

图 4–7　水平视线下的视距测量

2. 经纬仪视距测量

经纬仪视距测量的关键在于调整望远镜使视线达到水平状态。欲测定 AB 两点间的水平距离 D_{AB}，先将经纬仪安置于 A 点（或 B 点）上进行对中和整平，在另一点上铅垂竖立一根水准尺，旋转照准部及望远镜概略照准水准尺（使视线大致水平）。

进行对光并消除视差后，利用水平微动螺旋精确照准水准尺（使纵丝平分水准尺），调整竖盘水准管微动螺旋使水准管气泡居中（即竖盘指标归零），旋转测微轮使测微尺读数为 0′00″，再调整竖直微动螺旋使望远镜上下微动达到竖盘读数为 90° 或 270°，此时望远镜视线水平。剩余操作与水准仪视距测量步骤相同，即通过望远镜十字丝的上丝和下丝在水准尺上读取读数，以公式计算出两点间的水平距离 D_{AB}。

三、倾斜视线下的视距测量

倾斜视线下的视距测量就只有使用经纬仪的方法了。

在进行视距测量时，基本方法与水平视线下的经纬仪视距测量方法大体相同，所不同的是：在照准水准尺后除了读取上丝和下丝读数以外，还要按照竖直角测量的方法读取竖直度盘读数，求出竖直角 α。由于经纬仪视线倾斜，它与水准尺尺面不垂直，所以视线水平时的视距公式不能直接应用，需要进行修正。

（1）如图 4–8 所示，将倾斜视线在水准尺上的视距间隔 ι 化为垂直于水准尺视线的视距间隔 ι'，并以此计算斜距 D'。

$$\iota'=\iota\times\cos\alpha \qquad D'=K\iota'=k\iota\times\cos\alpha$$

（2）将斜距 D' 化为平距 D。

$$D=D'\times\cos\alpha,\ D=k\iota\times\cos^2\alpha$$

（3）推算高差 h。在视距测量读取上丝、下丝读数及竖盘读数的同时，还要读取中丝读数 b，并量出仪器的高度 i。则 AB 两点间的高差 h_{AB} 计算如下：

视线水平时　$h_{AB}=i-b$

视线倾斜时　$h_{AB}=h'+i-b$

其中　$h'=D'\times\sin\alpha$

$=KL\times\sin\alpha\times\cos\alpha$

式中　h'——仪器横轴中心点与水准尺上中丝对准的刻画点之间的高差；

b——中丝读数；

i——仪器高度。

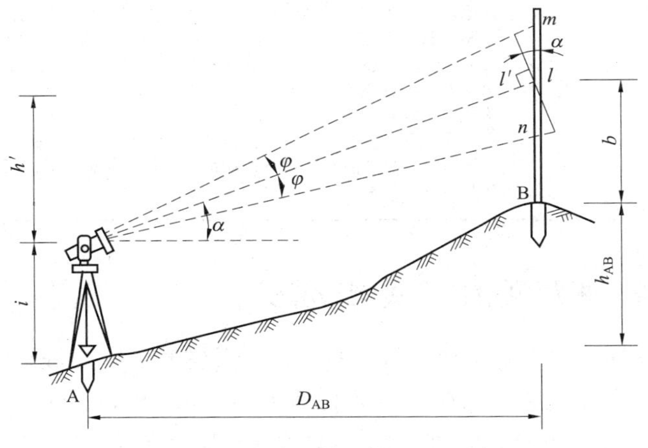

图 4–8　倾斜视线下的视距测量

四、视距测量的误差来源及控制方法

视距测量误差来源及控制方法的主要内容见表 4–1。

表 4–1　　视距测量误差来源及控制方法

误差类型	主 要 内 容
用视距丝读取尺间隔的误差	视距丝的读数是影响视距精度的重要因素，视距丝的读数误差与尺子最小分划的宽度、视距的远近、成像清晰情况有关。在视距测量中一般根据测量精度要求限制最远视距

续表

误差类型	主 要 内 容
标尺倾斜误差	视距计算的公式是在视距尺严格垂直的条件下得到的。如果视距尺发生倾斜，将给测量带来不可忽视的误差影响，故测量时立尺要尽量竖直。在山区作业时，由于地表有坡度而给人以一种错觉，使视距尺不易竖直，因此，应采用带有水准器装置的视距尺
视距常数的误差	通常认定视距常数 K=100，但由于视距丝间隔有误差，视距尺系统性刻画误差，以及仪器检定的各种因素影响，都会使 K 值不为100。K 值一旦确定，误差对视距的影响是系统性的
外界条件的影响	（1）大气竖直折光的影响。大气密度分布不均匀，特别在晴天接近地面部分密度变化更大，使视线弯曲，给视距测量带来误差。根据经验，只有在视线离地面超过 1m 时，折光影响才比较小 （2）空气对流使视距尺的成像不稳定，此现象在晴天，视线通过水面上空和视线离地表太近时较为突出，成像不稳定造成读数误差的增大，对视距精度影响很大 （3）风力使尺子抖动。如果风力较大使尺子不易立稳而发生抖动，分别用两根视距丝读数不可能严格在同一时候进行，所以对视距间隔将产生影响

五、视距测量计算实例与解析

已知：某测距仪加常数 K=+5mm，乘常数 R=+3mm；气象改正公式为ΔD=28.2−{0.029 0×p/1+0.003 7t}（mm/km）。现用该仪器测得 A、B 两点间的平均斜距 s=845.679m。竖直角α=−27° 43′ 39″，观测时的问题 t=21℃，气压 p=757mmHg。试计算 A、B 间的水平距离 d（无须考虑周期误差）。

解：加常数改正：Δ1=+5（mm）

乘常数改正：Δ2=3×845.679/1000=+3（mm）

气象改正：Δ3=ΔD=28.2−{0.029 0p/1+0.003 7t}（mm/km）×845.679/1000/1000=+11（mm）

改正后斜距 s'=s+Δ1+Δ2+Δ3=845.698（m）

改正后的水平距离 d=s'×cosα=845.698×(−27° 43′ 39″)

=748.587（m）

第三节　直　线　定　向

一、标准定向线

在测量工作中常常需要确定两点平面位置的相对关系，此时仅仅测得两点间的距离是不够的，还需要知道这条直线的方向，才能确定两点间的相对位置，在测量工作中，一条直线的方向是根据某一标准方向线来确定的，确定直线与标准方向线之间的夹角关系的工作称为直线定向。

标准方位线的种类如图 4–9 所示。

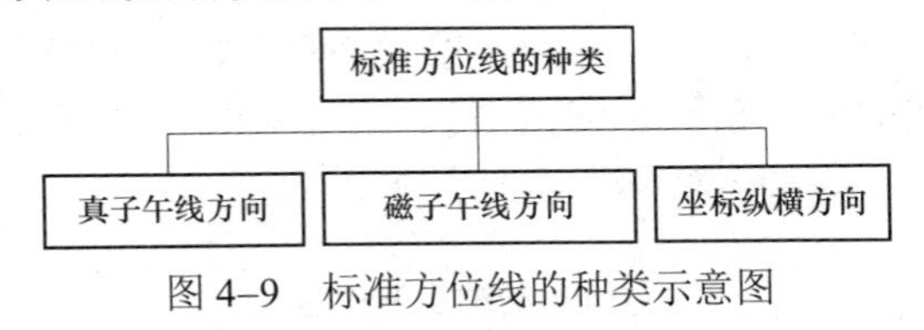

图 4–9　标准方位线的种类示意图

1. 真子午线方向

通过地面上一点并指向地球南北极的方向线，称为该点的真子午线方向。真子午线方向是用天文测量方法测定的。指向北极星的方向可近似地作为真子午线的方向。

2. 磁子午线方向

通过地面上一点的磁针，在向由静止时其轴线所指的方向（磁南北方向）称为磁子午线方向。磁子午线方向可用罗盘仪测定。

由于地磁两极与地球两极不重合，致使磁子午线与真子午线之间形成一个夹角δ称为磁偏角。磁子午线北端偏于真子午线以东为东偏，δ为正；以西为西偏，δ为负。

3. 坐标纵横方向

测量中常以通过测区坐标原点的坐标纵轴为准，测区内通过任一点与坐标纵轴平行的方向线，称为该点的坐标纵轴方向。

真子午线与坐标纵横轴间的夹角γ称为子午线收敛角。坐标纵轴北端在真子午线移动为东偏，γ为“+”；以西为西偏，γ为“–”。

图 4–10 为三种标准方向间关系的一种情况，δ_m 为磁针对坐标纵轴的偏角。

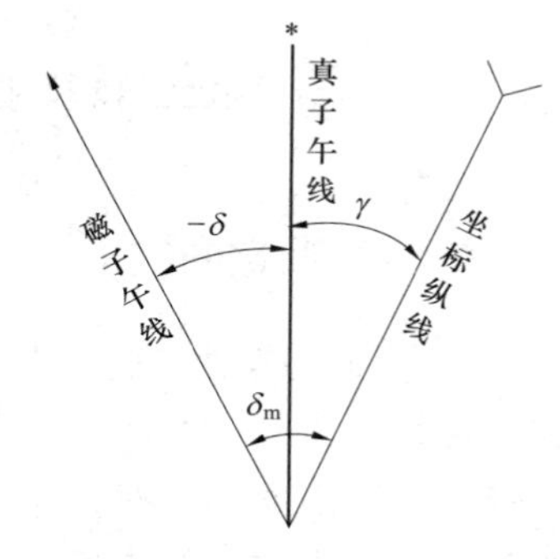

图 4–10　磁偏角和子午线收敛角

二、方位角

由标准方向的北端起，按顺时针方向量到某直线的水平角，称为该直线的方位角，角值范围为 0°～360°。由于采用的标准方向不同，直线的方位角有三种，见表 4–2。

表 4–2　　　　　　　　方位角的种类及内容

种类	内　容
真方位角	从真子午线方向的北端起，按顺时针方向量至某直线间的水平角，称为该直线的真方位角，用 A 标示
磁方位角	从磁子午线方向的北端起，按顺时针方向量至某直线间的水平角，称为该直线的磁方位角，用 A_m 表示
坐标方位角	从平行于坐标纵轴的方向线的北端起，按顺时针方向量至某直线的水平角，称为该直线的坐标方位角，以 α 表示，通常简称为方向角

三、正反坐标方位角

测量工作中的直线都具有一定的方向，如图 4–10 所示，以 A 点为起点，B 点为终点的直线的坐标方位角 α_{AB}，称为直线 AB 的正坐标方位角。而直线的坐标方位角 α_{BA} 称为直线 AB 的反坐标方位角。同理，α_{BA} 为直线 BA 的正坐标方位角，α_{AB} 为直线

BA 的反坐标方位角，由图 4–11 中可以看出，正、反坐标方位角线的磁方位角间的关系为

$$\alpha_{BA}=\alpha_{AB}\pm 180^{\circ}$$

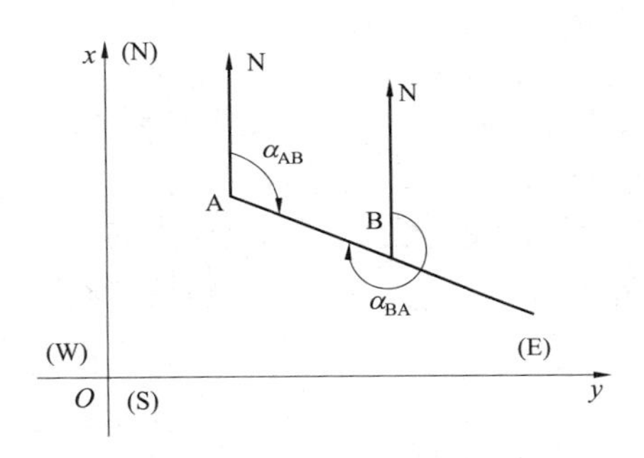

图 4–11　正、反坐标方位角间

四、象限角

由坐标纵轴的北端或南端起，顺时针或逆时针至某直线间所夹的锐角，并注出象限名称，称为该直线的象限角，以尺表示之，角值范围为 0°～90°。如图 4–12 所示，直线 01、02、03、04 的象限分别为北东 R_{01}、南东 R_{02}、南西 R_{03} 和北西 R_{04}。

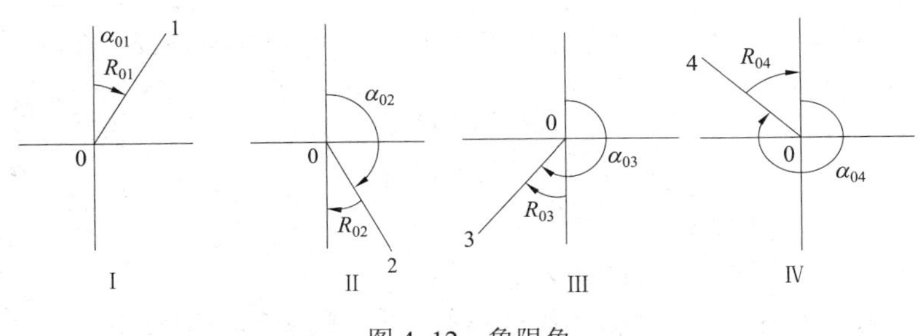

图 4–12　象限角

第四节 坐 标 正、反 算

一、坐标正算

根据已知点的坐标，已知边长及该边的坐标方位角，计算未知点的坐标的方法，称为坐标正算。

如图 4–13 所示，A 为已知点，坐标为 X_A、Y_A，已知 AB 边长为 D_{AB}，坐标方位角 α_{AB}，要求 B 点坐标 X_B、Y_B。由图 4–14 可知：

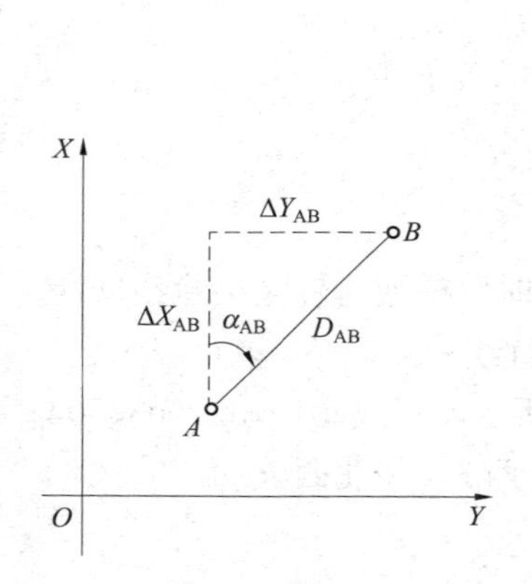

图 4–13 坐标正反算

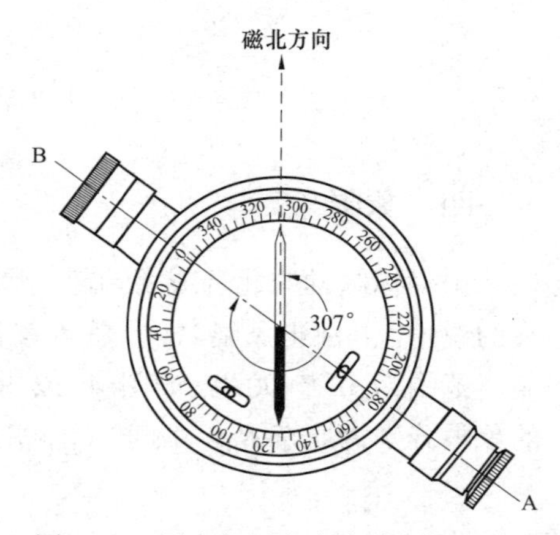

图 4–14 罗盘仪测定直线磁方位角原理

$$X_B=X_A+\Delta X_{AB}$$
$$Y_B=Y_A+\Delta Y_{AB}$$

其中 $\Delta X_{AB}=D_{AB}\times\cos\alpha_{AB}$

$\Delta Y_{AB}=D_{AB}\times\sin\alpha_{AB}$

式中：sin 和 cos 的函数值随着 α 所在象限的不同有正、负之分，因此，坐标增量同样具有正、负号。其符号与 α 角值的关系见表 4–3。

表 4–3　　坐标增量的正负号

象限	方向角α	$\cos\alpha$	$\sin\alpha$	ΔX	ΔY
Ⅰ	0°～90°	+	+	+	+
Ⅱ	90°～180°	–	+	–	+
Ⅲ	180°～270°	–	–	–	–
Ⅳ	270°～360°	+	–	+	–

经验指导：当用计算器进行计算时，可直接显示 sin 和 cos 的正、负号。

坐标正算实例解析：

已知：A 点坐标 $X_A = 1056.785\text{m}$，$Y_A = 952.854\text{m}$，AB 两点之间的距离为 289.668m，方位角 α_{AB}=75°29′46″，试计算 B 点的坐标 X_B、Y_B。

解：根据坐标增量计算公式，增量计算为

$$\begin{aligned}\Delta X_{AB} &= D_{AB}\cos\alpha_{AB} \\ &= 289.668\times\cos 75°29'46'' = 72.546\end{aligned}$$

$$\begin{aligned}\Delta Y_{AB} &= D_{AB}\sin\alpha_{AB} \\ &= 289.668\times\sin 75°29'46'' = 280.436\end{aligned}$$

B 点坐标计算为

$$\begin{aligned}X_B &= X_A + \Delta X_{AB} \\ &= 1056.785 + 72.546 = 1129.331\end{aligned}$$

$$\begin{aligned}Y_B &= Y_A + \Delta Y_{AB} \\ &= 952.854 + 280.436 = 1233.290\end{aligned}$$

二、坐标反算

根据两个已知点的坐标求算出两点间的边长及其方位角，称为坐标反算。

根据图 4–13 可知：

$$D_{AB} = \sqrt{\Delta X_{AB}^2 + \Delta Y_{AB}^2} = \sqrt{(X_B - X_A)^2 + (Y_B - Y_A)^2}$$

$$\alpha_{AB} = \arctan \frac{\Delta Y_{AB}}{\Delta X_{AB}} = \arctan \frac{Y_B - Y_A}{X_B - X_A}$$

经验指导：在用计算器按上述公式计算坐标方位角时，得到的角值只是象限角，还必须根据坐标增量的正负，按表 4–3 决定坐标方位角所在的象限，最后再将象限角换算为坐标方位角。

坐标解析实例解析如下：

已知：A 点的坐标 $X_A = 1473.257\text{m}$，$Y_A = 852.673\text{m}$，B 点的坐标 $X_B = 1570.855\text{m}$，$Y_B = 724.951\text{m}$。试计算 AB 两点之间的距离 D 和坐标方位角 α。

解：首先计算坐标增量

$$\begin{aligned}\Delta X_{AB} &= X_B - X_A \\ &= 1570.855 - 1473.257 = 97.598\end{aligned}$$

$$\begin{aligned}\Delta Y_{AB} &= Y_B - Y_A \\ &= 724.951 - 852.673 = -127.722\end{aligned}$$

其次求取两点之间的距离和坐标方位角的主值

$$\begin{aligned}D_{AB} &= \sqrt{\Delta X_{AB}^2 + \Delta Y_{AB}^2} \\ &= \sqrt{(+97.598)^2 + (-127.722)^2} \\ &= 160.743\end{aligned}$$

$$\begin{aligned}\alpha'_{AB} &= \arctan \frac{\Delta Y_{AB}}{\Delta X_{AB}} \\ &= \arctan \frac{-127.722}{97.598} = -52°36'54''\end{aligned}$$

由坐标增量的符号可以判断，所求方位角属于第Ⅳ象限，所以按带有增量符号的情况，方位角的取值计算公式为

$$\begin{aligned}\alpha &= 360° + \alpha' \\ &= 360° + (-52°36'54'') = 307°23'06''\end{aligned}$$

第五节 电磁波测距

一、测距原理

目前，测距仪品种和型号有很多，但其测距原理基本相同，分为脉冲式和相位式两种。

1. 脉冲式光电测距仪测距原理

脉冲式光电测距仪是通过直接测定光脉冲在待测距离两点间往返传播的时间 t，来测定测站至目标的距离 D。如图 4–15 所示，欲测定 A、B 两点间的距离 D，可在 A 点安置光电测距仪，B 点设置反射棱镜。光电测距仪发出一束光波到达 B 点经过棱镜反射之后，返回到 A 点被光电测距仪接收。通过测定光波在 A、B 两点之间往返传播的时间 t，并根据光波在大气中的传播速度 c，可计算得出距离 $D=1/2ct$。

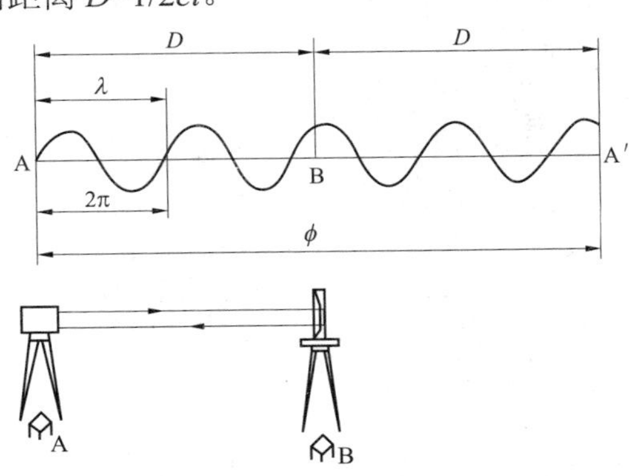

图 4–15 脉冲式光电测距原理

2. 相位式光电测距仪测距原理

相位式光电测距仪的测距原理是：由光源发出的光通过调制器后，变成光强随着高频信号而变化的调制光，通过测量调制光在待测距离上往返传播的相位差来计算距离。

为了方便说明，在图 4–14 中将从 B 点返回 A 点的光波沿测线方向展开绘制出来到 A′。假设调制光的波长为λ，其光强变化一个周期的相位移为在往返距离间的相位移 ϕ，则波的周期数为 $\phi/(2\pi)$，它一定包含整波个数 N 和不足一个整波的零波数ΔN，因此可以得出：$D=\lambda/2(N+\Delta N)$。

相位法测距相当于采用“光尺”代替钢尺量距，而将$\lambda/2$ 作为光尺长度。在相位式测距仪中，相位计只能测出相位移的尾数，而不能测出其整周期数N，因此对于大于光尺的距离就不可测定。这就需要选择较长的光尺（大于所要测量的距离），以扩大测程。

二、红外测距仪的构造及使用

目前，国内生产的红外测距仪种类很多，下面以日本索佳的 REDmini2 测距仪为例进行讲解。

1. 仪器构造

REDmini2 测距仪的各操作部件如图 4–16 所示。测距仪常安

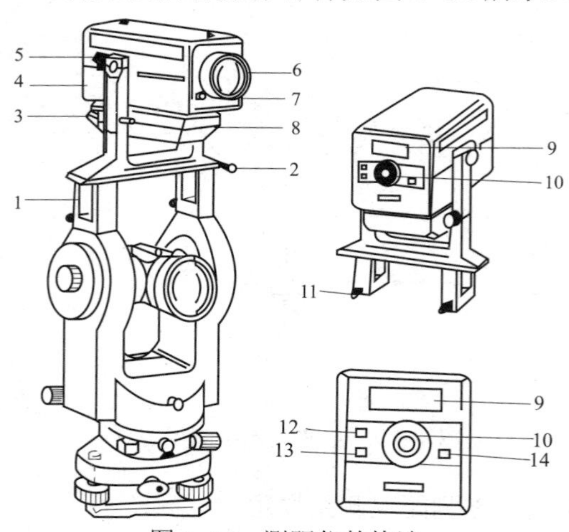

图 4–16　测距仪的构造

1—支架座；2—水平方向调节螺旋；3—垂直微动螺旋；4—测距仪主机；5—垂直制动螺旋；6—发射接收镜物镜；7—数据传输接口；8—电池；9—显示窗；10—发射接收镜目镜；11—支架固定螺旋；12—测距模式键；13—电源开关；14—测量键

置在经纬仪上同时使用。测距仪的支架座下有插孔及制紧螺旋，可使测距仪牢固地安装在经纬仪的支架上。测距仪的支架上有垂直制动螺旋和微动螺旋，可以使测距仪在竖直面内俯仰转动。测距仪的发射接收目镜内有十字丝分划板，用以瞄准反射棱镜。

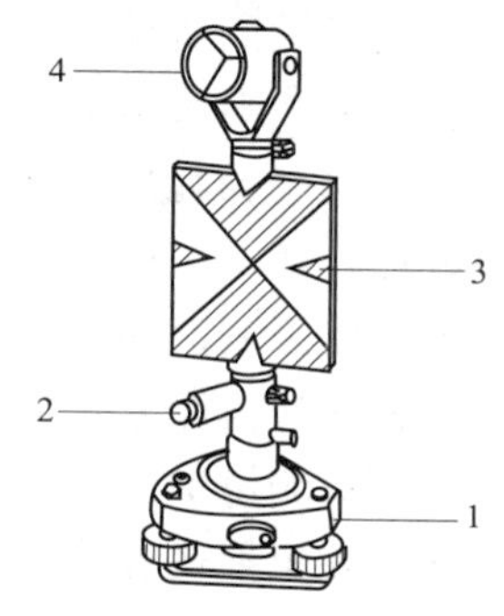

图 4–17　觇牌与反射棱镜示意

1—基座；2—光学对中目镜；3—照准觇牌；4—反射棱镜

反射棱镜通常与照准觇牌一起安置在单独的基座上，如图 4–17 所示，测程较近时（通常在 500m 以内）用单棱镜，当测程较远时可换三棱镜组。

2. 测距仪的安置

（1）在测站点上安置经纬仪，其高度应比单纯测角度时低约 25cm。

（2）将测距仪安装到经纬仪上，要将支架座上的插孔对准经纬仪支架上的插栓，并拧紧固定螺旋。

（3）在主机底部的电池夹内装入电池盒，按下电源开关键，显示窗内显示“8888888”约 2s，此时为仪器自检，当显示“–30.000”时，表示自检结果正常。

（4）在待测点上安置反射棱境，用基座上的光学对中器对中，整平基座，使觇牌面和棱镜面对准测距仪所在方向。

3. 距离测量

（1）用经纬仪望远镜中的十字丝中心瞄准目标点上的觇牌中心，读取竖盘读数，计算出竖直角α。

（2）上、下转动测距仪，使其望远镜的十字丝中心对准棱镜中心，左、右方向如果不对准棱镜中心，则调整支架上的水平方向调节螺旋，使其对准。

（3）开机，主机发射的红外光经棱镜反射回来，若仪器收到足够的回光量，则显示窗下方显示“*”。若“*”不再显示暗淡，或忽隐忽暗，则表示未收到回光，或回光不足。

（4）显示窗显现“*”后，按测量键，发生短促声响，表示正在进行测量，显示测量记号“△”，并不断闪烁，测量结束时，又发生短促声响，显示测得斜距。

（5）初次测距显示后，继续进行距离测量和斜距数值显示，直至再次按测量键，即停止测量。

（6）如果要进行跟踪测距，则在按下电源开关键后，再按测距模式键，则每 0.3s 显示一次斜距值（最小显示单位为厘米）再次按测距模式键，则停止跟踪测量。

（7）当测距精度要求较高时（如相对精度为 1/10 000 以上），则测距同时应测定气温和气压，以便进行气象改正。

4. 光电测距时的注意事项

（1）气象条件对光电测距的结果影响较大，应在成像清晰和气象条件良好时进行，阴天而有微风是观测的最佳条件；在气温较低时作业，应对测距仪进行提前预热，使其各电子部件达到正常稳定的工作状态时再开始测距，读数应在信号指示器处于最佳信号范围内时进行。

（2）测线应尽量离开地面障碍物 1.3m 以上，避免通过发热体和较宽水域的上空，视线倾角不宜过大。

（3）测线应避开强电磁场干扰的地方，如测线不宜接近变压器、高压线等。

（4）测站和镜站的周围不应有反光镜和其他强光源等，以免产生干扰信号。

（5）严防阳光及其他强光直射接收物镜，以免光线经镜头聚焦进入机内，将部分元件烧坏，阳光下作业应打伞保护仪器。

（6）运输中避免撞击和振动，迁站时要停机断电。

第 五 章

必备技能之水准测量

第一节　水准测量的仪器和工具

一、DS3 型微倾式水准仪的构造及使用

水准仪按其精度分为 DS0.5、DS1、DS3 等几个等级。代号中的“D”和“S”是“大地”和“水准仪”的汉语拼音的第一个字母，其下标数值意义为：仪器本身每千米往返测高差中数能达到的精度，以“mm”计。

1. DS3 型微倾式水准仪的构造

DS3 型微倾式水准仪（图 5–1），它主要由望远镜、水准器和基座三个基本部分组成。

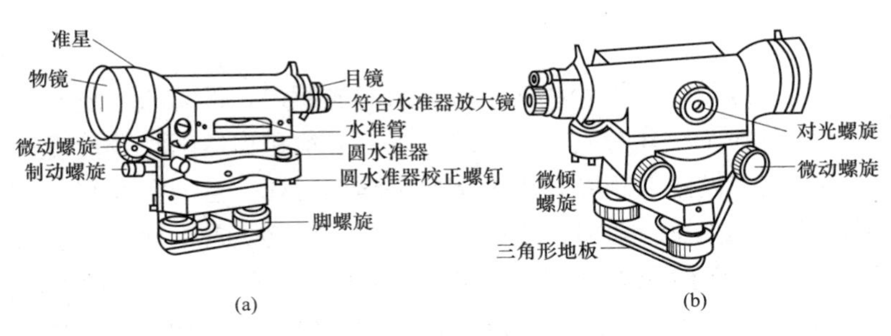

图 5–1　DS3 型微倾式水准仪

（a）水准仪左侧面；（b）水准仪右侧面

（1）望远镜。水准仪的望远镜是用来瞄准水准尺并读数的，它主要由物镜、目镜、对光螺旋和十字丝分划板组成。图 5–2 为 DS3 型微倾式水准仪内对光式倒像望远镜构造略图。

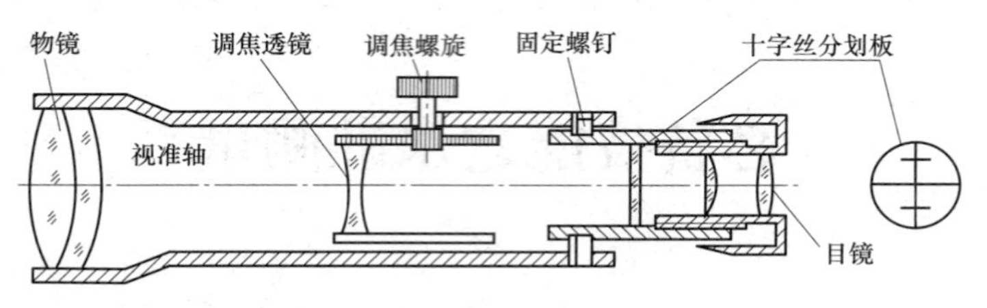

图 5–2　望远镜构造略图

物镜的作用是使远处的目标在望远镜的焦距内形成一个倒立的缩小的实像（图 5–3）。

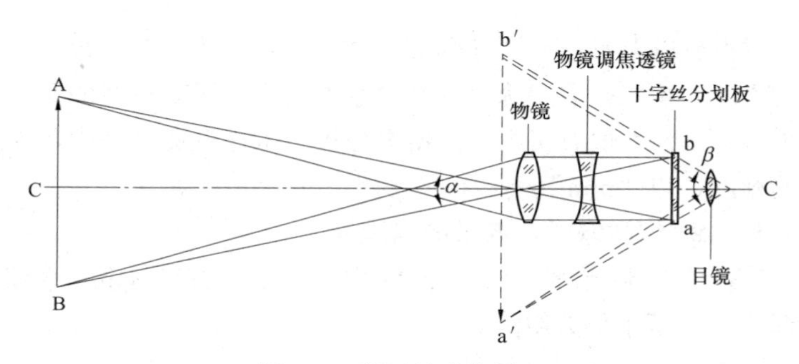

图 5–3　望远镜成像原理

当目标处在不同距离时，可调节对光螺旋，带动凹透镜使成像始终落在十字丝分划板上，这时，十字丝和物像同时被目镜放大为虚像，以便观测者利用十字丝来瞄准目标。当十字丝的交点瞄准到目标上某一点时，该目标点即在十字丝交点与物镜光心的连线上，这条线称为视线。十字丝分划板是用刻有十字丝的平面玻璃制成，装在十字丝环上，再用固定螺钉固定在望远镜筒内。

（2）水准器。DS3 型微倾式水准仪水准器分为圆水准器和水准管两种，它们都是整平仪器用的。

1）水准管。水准管是由玻璃管制成，其上部内壁的纵向按一定半径磨成圆弧。如图 5–4 所示，管内注满酒精和乙醚的混合液，经过加热、封闭、冷却后，管内形成一个气泡水。水准管内表面的中点 0 称为零点，通过零点作圆弧的纵向切线 *LL* 称为水准轴。当气泡中点位于零点时，称为气泡居中，此时水准轴水平。自零点向两侧每隔 2mm 刻一个分划，每 2mm 弧长所对的圆心角称为水准管分化值。

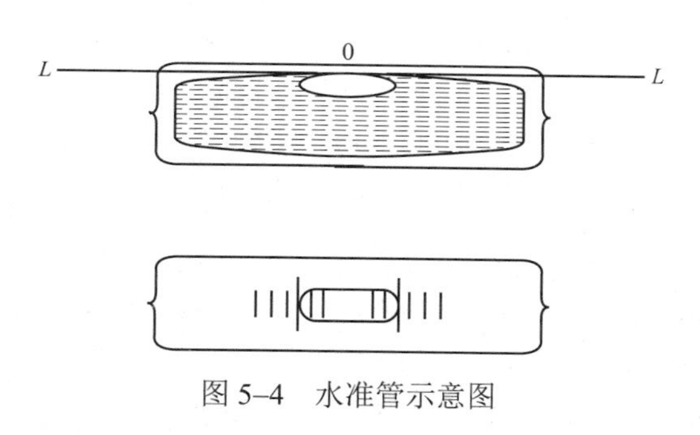

图 5–4　水准管示意图

分化值的实际意义，可以理解为当气泡移动 2mm 时，水准管轴所倾斜的角度。分化值越小则水准管灵敏度越高，用它来整平仪器就越精确。DS3 型微倾式水准仪的水准分化值为 20″/2mm。

为了提高目估水准管气泡居中的精度，在水准管上方都装有符合棱镜组，这样可使水准管气泡两端的半个气泡影像借助棱镜的反射作用转到望远镜旁的水准管气泡观察窗内。当两端的半个气泡影像错开时，标示气泡没有居中，这时旋转微倾螺旋可使气泡居中，气泡居中后则两端的半个气泡影像将对中，这种水准管上不需要刻分划线。这种具有棱镜装置的水准管又称为符合水准管，它能提高气泡居中的精度。

2）圆水准器。圆水准器是由玻璃制成呈圆柱状（图 5–5）。里面同样装有酒精和乙醚的混合液，其上部的内表面为一个半径为 *R* 的圆球面，中央刻有一个小圆圈，它的圆心 0 是圆水准器的零点，通过零点和球心的连线（0 点的发线）$L'L'$，称为圆水准器轴。当气泡居中时，圆水准器轴即处于铅垂位置。圆水准器的分化值一般为 5′/2～10′/2mm，灵敏度较低，只能用于粗略整平仪器，使水准仪的纵轴大致处于铅垂位置，以便用微倾螺旋使水准管的气泡精确居中。

（3）基座。基座（图 5–6）的作用是支撑仪器的上部，并通过连接螺旋将仪器与三脚架连接。基座有三个可以升降的脚螺旋，转动脚螺旋可以使圆水准器的气泡居中，将仪器粗略整平。

图 5–5　圆水准器

图 5–6　水准仪基座

2. DS3 型微倾式水准仪的使用

水准仪在一个测站上使用的基本程序为架设仪器、粗略整平、瞄准水准尺、精确整平和读数。

（1）架设仪器。在架设仪器处（图 5–7），打开三脚架，通过目测，使架头大致水平且其高度适中，约在观测者的胸颈部，将仪器从箱中取出，用连接螺旋将水准仪固定在三脚架上。

经验指导：若在较松软的泥土地面，为防止仪器因自重而下沉，还要把三脚架的两腿踩实。然后，根据圆水准器气泡的位置，上、下推拉，左、右微转三脚架的第三只腿，使圆水准器的气泡尽可能靠近圆圈中心的位置，在不改变架头高度的情况下，踩放稳三脚架的第三只腿。

图 5–7　架设水准仪

（2）粗略整平。为使仪器的竖轴处于大致铅垂位置，转动轴座上的三个脚螺旋，使圆水准器的气泡居中（图 5–8）。

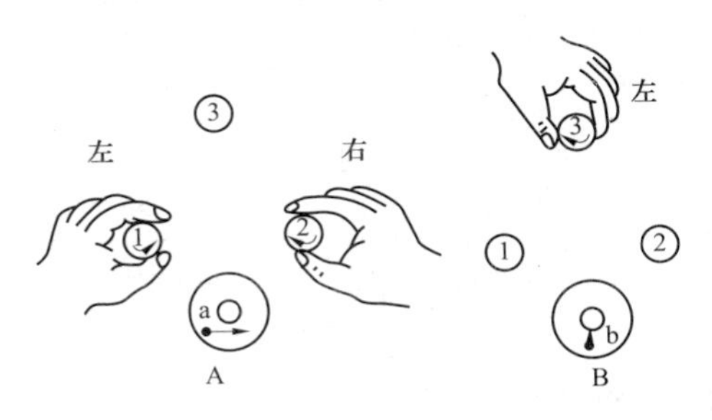

图 5–8　圆水准器气泡居中方法

整平方法：首先应使气泡居中，双手按相反方向同时转动两个脚螺旋 1、2，使气泡移动到与圆水准器零点的连线垂直于 1、2 两个脚螺旋的连线处，也就是气泡、圆水准器零点、脚螺旋 3 三点共线。再转动另一个脚螺旋 3，使气泡居中。

经验指导：在转动脚螺旋时，气泡移动的方向始终与左手大拇指（或右手食指）运动的方向一致（图 5–9）。

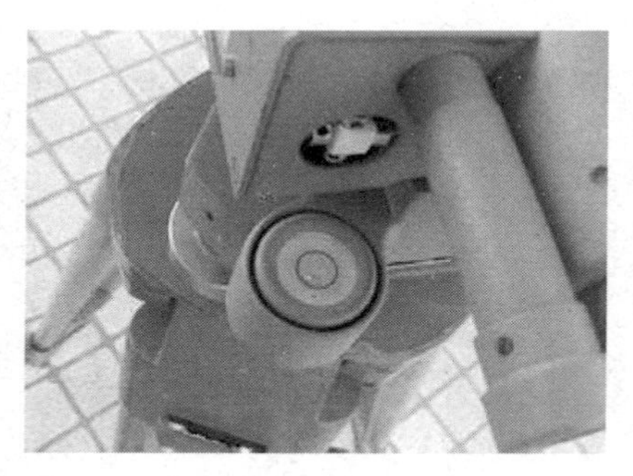

图 5–9　粗平

（3）瞄准水准尺。仪器粗略整平后，即可用望远镜瞄准水准尺，基本操作步骤见表 5–1。

表 5–1　　望远镜瞄准水准尺步骤

序号	注 意 内 容
目镜对光	将望远镜对向较明亮处，转动目镜对光螺旋，使十字丝调至最为清晰为止
初步照准	松动仪器的制动螺旋，利用望远镜的照门和准星，对准水准尺，然后旋拧紧制动螺旋
物镜对光	转动望远镜物镜对光螺旋，直至看清水准尺刻画，再转动水平微动螺旋，使十字丝竖丝处于水准尺一侧，完成水准尺的照准
消除视差	当照准目标时，眼睛在目镜处上下移动，若发现十字丝和尺像有相对移动，这种现象称为视差。它将影响读数的准确性，必须加以消除。其方法是仔细调节对光螺旋，直至尺像与十字丝分划板平面重合为止，即当眼睛在目镜处上下移动，十字丝和尺像没有相对移动为止

（4）精平、读数。转动微倾螺旋时，水准气泡精确居中。当水准管气泡居中并稳定后，说明视准轴已成水平，此时，应迅速用十字丝中丝在水准尺上截取读数（图 5–10）。由于水准仪望远镜有正像和倒像两种，在读数时无论何种都应从小数往大数的方向读，即望远镜为正像应从下往上读，望远镜为倒像则应从上往

下读。

经验指导：读数方法是应读米、分米、厘米、估读至毫米。在读数时，一般应先估读毫米，再读米、分米、厘米，图 5–10 的读数为 1.538。读数后，还需要检查一下气泡是否移动了，若有偏离需用微倾螺旋调整气泡居中后再重新读数。

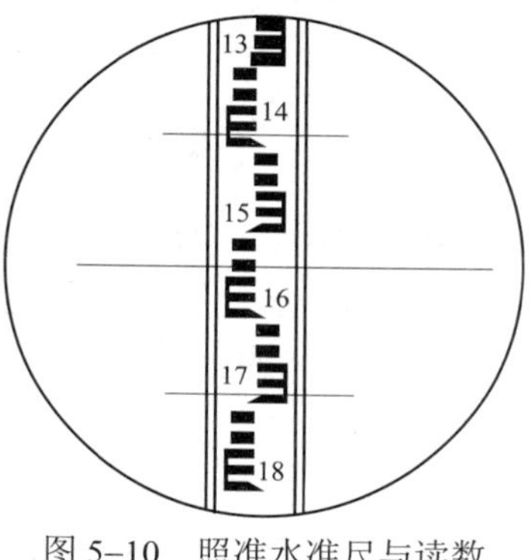

图 5–10　照准水准尺与读数

二、水准尺的构造及使用

1. 水准尺

水准尺（图 5–11）由干燥的优质木材、玻璃钢或铝合金等材料制成。水准尺有双面和塔尺两种，塔尺一般用在等外水准测

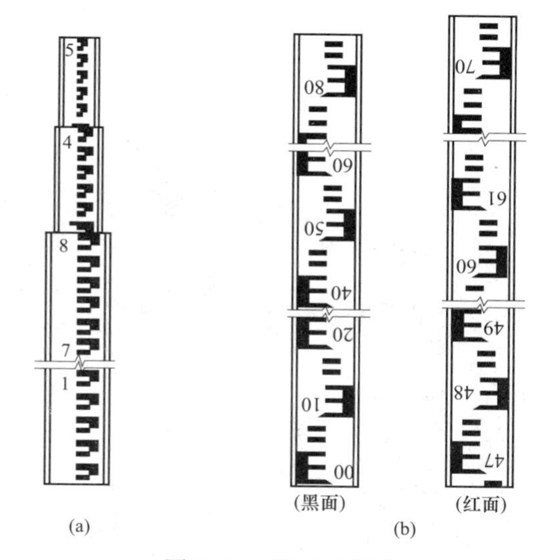

图 5–11　塔尺示意图

（a）塔尺伸缩示意图；（b）塔尺黑、红面示意图

量，其长度有 2m 和 5m 两种。可以伸缩，尺面分划为 1cm 或（和）0.5cm，每分米处注有数字，每米处也注有数字或以红黑点表示数，尺底为零。

经验指导：双面水准尺多用于三、四等水准测量，其长度为 3m，为不能伸缩和折叠的板尺，且两根尺为一对，尺的两面均有刻画，尺的正面是黑色注记，反面为红色注记，故又称红、黑面尺。

2. 尺垫

尺垫（图 5–12）是在临时立尺点放置水准标尺的支座。尺垫一般由三角形的铸铁制成，下面有三个尖角，便于使用时将尺垫踩入土中，使之稳固。上面有一个凸起的半球体，水准尺立在球顶部。

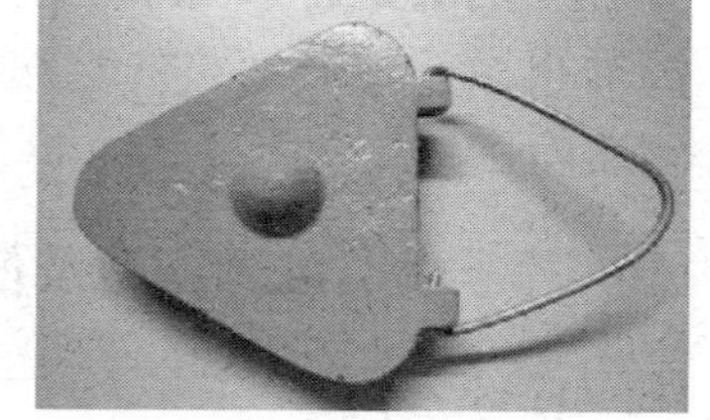

图 5–12　水准仪尺垫

施工常识：在精度要求较高的水准测量中，临时立尺点必须放置尺垫（图 5–13），放置观测过程中尺子下沉或位置发生变化而导致读数产生误差。

图 5–13　塔尺下放置尺垫

第二节　水准测量的方法

一、水准点和水准路线

1. 水准点

用水准测量方法测定高程的控制点称为水准点，一般用 BM 表示。国家等级的水准点应按要求埋设永久性固定标志，不需永久保存的水准点，可在地面上打入木桩，或在坚硬岩石、建筑物上设置固定标志，并用红色油漆标注记号和编号。地面水准点应按一定规格埋设，在标石顶部设置有不易腐蚀的材料制成的半球状标志，如图 5–14（a）所示；墙角水准点应按规格要求设置在永久性建筑物上，如图 5–14（b）所示。

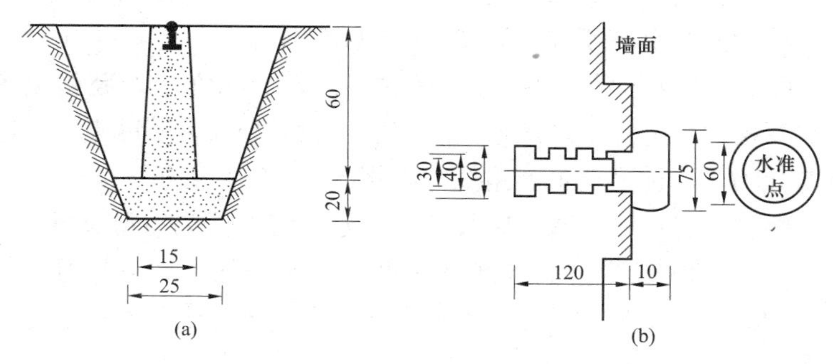

图 5–14　水准点标注

（a）水准点设置在标石顶部；（b）墙角水准点设置在永久建筑上

2. 水准路线

水准路线是水准测量施测时所经过的路线。水准路线应尽量沿公路、大道等平坦地面布设，以保证测量精度。水准路线上两相邻水准点之间称为一个测段。

水准路线的布设形式分为单一水准路线和水准网，单一水准路线有以下三种布设形式。

（1）附合水准路线。从一个已知高级水准点出发，沿路线上各待测高程的点进行水准测量，最后附合到另一个已知高级水准点上，这种水准路线称为附合水准路线，如图 5–15（a）所示。

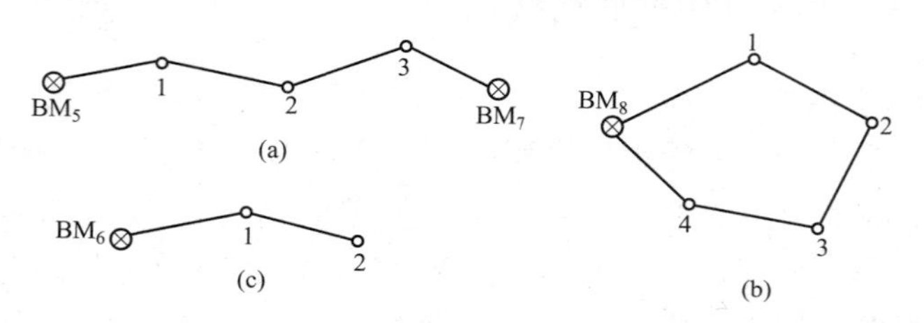

图 5–15　单一水准线路的三种布设形式

（a）附合水准路线；（b）闭合水准路线；（c）支水准路线

（2）闭合水准路线。从一个已知高级水准点出发，沿环线上各待测高程的点进行水准测量，最后仍返回到原已知高级水准点上，称为闭合水准路线，如图 5–15（b）所示。

（3）支水准路线。从一个已知高级水准点出发，沿路线上各待测高程的点进行水准测量，既不附合到另一高级水准点上，也不自行闭合，称为支水准路线，如图 5–15（c）所示。

经验指导：附合水准路线和闭合水准路线因为有检核条件，一般采用单程观测；支水准路线没有检核条件，必须进行往、返观测或单程双线观测（简称单程双测），来检核观测数据的正确性。

二、水准测量的方法、记录计算及注意事项

1. 普通水准测量的观测程序

（1）在有已知高程的水准点上立水准尺，作为后视尺。

（2）在路线的前进方向上的适当位置放置尺垫，在尺垫上竖立水准尺作为前视尺。仪器到两水准尺间的距离应基本相等（图 5–16），最大视距不大于 150m。

图 5-16　水准仪到两水准尺的距离基本相等

（3）安置仪器，使圆水准器气泡居中。照准后视标尺，消除视差，用微倾螺旋调节水准管气泡并使其精确居中，用中丝读取后视读数，并计入手簿。

（4）照准前视标尺，使水准管气泡居中，用中丝读取前视读数，并记入手簿。

（5）将仪器迁至第二站，此时，第一站的前视尺不动，变成第二站的后视尺，第一站的后视尺移至前面适当位置成为第二站的前视尺，按第一站相同的观测程序进行第二站测量，如图 5-17 所示。

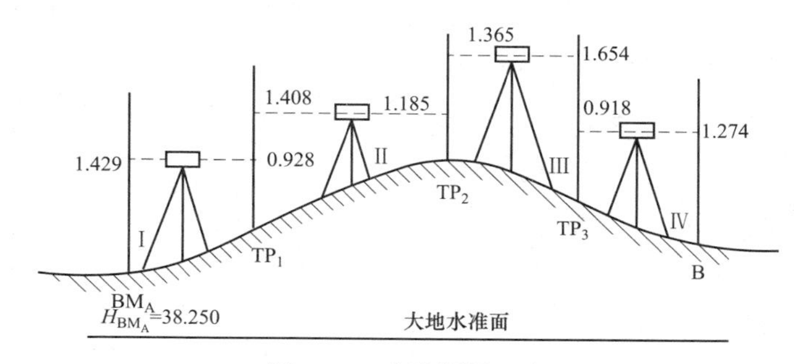

图 5-17　水准测量示意

（6）如此连续观测、记录，直至终点。

2. 水准测量的注意事项

（1）在已知高程点和待测高程点上立尺时，应直接放在标石中心（或木桩）上。

（2）仪器到前、后水准尺的距离要大致相等，可用视距或脚步量测确定。

（3）水准尺要扶直，不能前后左右倾斜。

（4）尺垫仅用于转点，仪器迁站前，不能移动后视点的尺垫。

（5）不得涂改原始读数的记录，读错或记错的数据应划去，再将正确数据写在上方，并在相应的备注栏内注明原因，记录簿要干净、整齐。

三、水准测量成果计算

内业计算前，必须对外业手簿进行检查，检查无误方可进行成果计算。

1. 高差闭合差及其允许值的计算

（1）附合水准路线。附合水准路线是由一个已知高程的水准点测量到另一个已知高程的水准点，各段测得的高差总和$\sum h_{测}$应等于两水准点的高程之差$\sum h_{理}$。但由于测量误差的影响，使得实测高差总和与其理论值之间有一个差值，这个差值称为附合水准路线的高差闭合差。

$$f_{h}=\sum h_{测}-\sum h_{理}=\sum h_{测}-(H_{终}-H_{始}) \qquad (5-1)$$

式中 f_{h}——高差闭合差，m；

$\sum h_{测}$——实测高差总和，m；

$H_{终}$——路线终点已知高程，m；

$H_{始}$——路线起点已知高程，m。

（2）闭合水准路线。由于路线起闭于同一水准点，因此，高差总和的理论值应等于零，但因测量误差的存在使得实测高差的总和往往不等于零，其值称为闭合水准路线的高差闭合差。

$$f_h = \sum h_{测} \tag{5-2}$$

（3）支水准路线。通过往返观测，得到往返高差的总和 $\sum h_{往}$ 和 $\sum h_{返}$，理论上应大小相等，符号相反，但由于测量误差的影响，两者之间产生一个差值，这个差值称为支水准路线的高差闭合差。

$$f_h = \sum h_{往} + \sum h_{返} \tag{5-3}$$

2. 高差闭合差的调整和高程计算

（1）高差闭合差的调整。当高差闭合在容许值范围之内时，可进行闭合差调整，附合或闭合水准路线高差闭合差的分配原则是将闭合差按距离或测站数成正比例反号改正到各测段的观测高差上。高差改正按式（5–4）和式（5–5）计算

$$V_i = -f_h / \sum L \times L_i \tag{5-4}$$

或

$$V_i = f_h / \sum n \times n_i \tag{5-5}$$

式中 V_i——测段高差的改正数，m；

f_h——高差闭合差，m；

$\sum L$——水准路线总长度，m；

L_i——测段长度，m；

$\sum n$——水准线路测站数总和；

n_i——测段测站数。

高差改正数的总和应与高差闭合差大小相等，符号相反，即

$$\sum V_i = -f_h \tag{5-6}$$

用上式检核计算的正确性。

（2）计算改正后的高差。将各段高差观测值加上相应的高差改正数，求出各段改正后的高差，即

$$h_i = h_{i测} + V_i \qquad (5\text{–}7)$$

对于支水准线路，当闭合差符合要求时，可按下式计算各段平均高差

$$h = h_{往} - h_{返}/2 \qquad (5\text{–}8)$$

式中 h——平均高差，m；

$h_{往}$——往测高差，m；

$h_{返}$——返测高差，m。

（3）计算各点高程。根据改正后的高差，由起点高程沿路线前进方向逐一推算其他各点的高程。最后一个已知点的推算高程应等于改点的已知高程，由此检验计算是否正确。

第三节 水准仪的检验和校正

一、水准仪应满足的几何条件

水准仪有 4 条主要轴线（图 5–18），水准管轴（*LL*）、望远镜的视准轴（*CC*）、圆水准器轴（*L′ L′*）和仪器的竖轴（*VV*）。

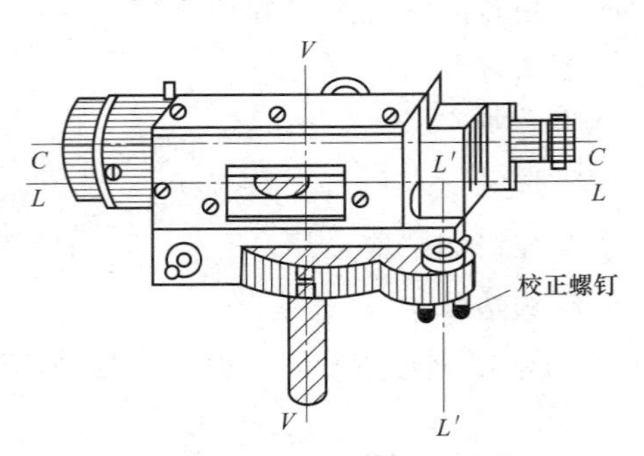

图 5–18 水准轴的主要轴线关系

1. 水准仪应满足的主要条件

（1）水准仪应满足两个主要条件：一是水准管轴应与望远镜

的视准轴平行；二是望远镜的视准轴不因调焦而变动位置。

（2）第一个主要条件如不满足，那么水准管气泡居中后，水准管轴已经水平而视准轴却未水平，不符合水准测量的基本原理。

（3）第二个主要条件是为满足第一个条件而提出的。如果望远镜在调焦时视准轴位置发生变动，就不能设想在不同位置的许多条视线都能够与一条固定不变的水准管轴平行。望远镜调焦在水准测量中是不可避免的，因此必须提出此项要求。

2. 水准仪应满足的次要条件

（1）水准仪应满足两个次要条件：一是圆水准器轴应与水准仪的竖轴平行；二是十字丝的横丝应垂直于仪器的竖轴，如图 5–19 所示。

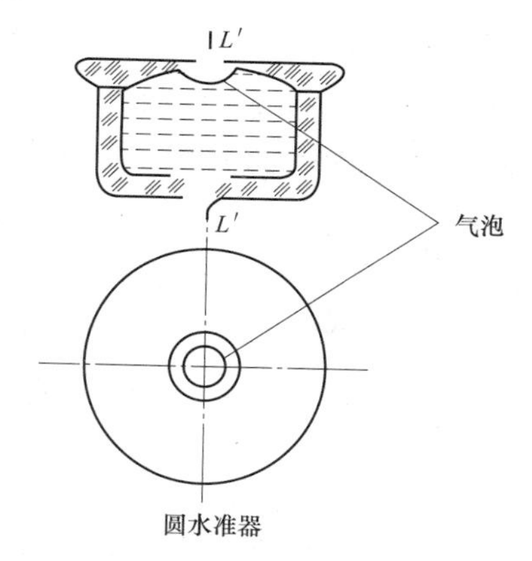

图 5–19　圆水准器与水准轴竖轴平行

（2）第一个次要条件的满足在于能迅速地整置好仪器，提高作业速度；也就是当圆水准器的气泡居中时，仪器的竖轴已基本处于竖直状态，使仪器旋转至任何位置都易于使水准管的气泡居中。

（3）第二个次要条件的满足是当仪器竖轴已经竖直，在读取水准尺上的读数时就不必严格用十字丝的交点，用交点附近的横丝读数也可以。

二、水准仪的检验和校正

1. 圆水准器的检验与校正

（1）检验目的：使圆水准器轴平行于仪器竖轴。

（2）检验原理：假设竖轴 VV 与圆水准器轴 $L'L'$ 不平行，

那么当气泡居中时，圆水准器轴竖直，竖轴则偏离竖直位置α角［图 5–20（a）］。将仪器旋转 180°，如图 5–20（b）所示，此时圆水准器轴从竖轴右侧移至左侧，与铅垂线的夹角为 2α。圆水准器气泡偏离中心位置，气泡偏离的弧长所对的圆心角等于 2α。

（3）检验方法：转动脚螺旋使圆水准器气泡居中，然后将仪器旋转 180°，若气泡居中，说明此项条件满足；若气泡偏离中心位置说明此条件不满足，需要校正。

（4）校正方法：用校正针拨动圆水准器下面的三个校正螺钉，使气泡退回偏离中心距离的一半，此时圆水准器与竖轴平行，如图 5–20（c）所示；再旋转脚螺旋使气泡居中，此时竖轴处于数值位置，如图 5–20（d）所示。此项工作须反复进行，直到仪器旋转至任何位置圆水准器气泡皆居中为止。

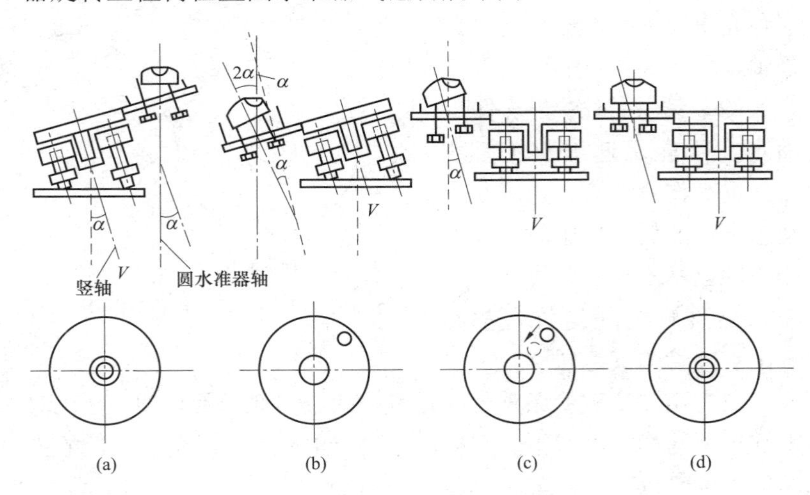

图 5–20　圆水准器的检验与校正原理

（a）竖轴偏离竖直位置α角示意图；（b）仪器旋转 180°；（c）圆水准器与竖轴平行；（d）竖轴处于竖直位置

2. 十字丝横丝的检验校正

（1）检验目的：使十字丝横丝垂直于仪器竖轴。

（2）检验原理：如果十字丝横丝不垂直于仪器竖轴，当竖轴处于竖直位置时，十字丝横丝是不水平的，横丝的不同部位水准尺的读数不相同。

（3）检验方法：仪器整平后，从望远镜视场内选择一清晰目标点，用十字丝交点照准目标点，拧紧制动螺旋。

（4）校正方法：松开目镜座上的三个十字丝环固定螺栓，松开四个十字丝环压螺钉。转动十字丝环，使横丝与目标点重合，再进行检验，直至目标点始终在横丝上相对移动为止，最后拧紧固定螺钉，盖好护罩。

3. 水准管轴的检验与校正

（1）检验目的：使水准管轴平行于视准轴。

（2）检验原理：若水准管轴与视准轴不平行，会出现一个夹角 i，由于 i 角的影响产生的读数误差称为 i 角误差，此项检验也称 i 角检验。在地面上选定两点 A、B，将仪器安置在 A、B 两点中间，测出正确高差 h，然后将仪器移至 A 点（或 B 点）附近，再测高差 h'，若 $h=h'$，则水准管轴平行于视准轴，即 i 角为零，若 $h \neq h'$，则两轴不平行。

（3）检验方法：在一平坦地面上选择 60～80m 的两点 A、B，分别在 A、B 两点打入木桩，在木桩上竖立水准尺，将水准仪位置设在 A、B 两点的中间，使前、后视距相等，如图 5–21 所示，精确整平后，依次照准 A、B 两点上的水准尺并读数，设读数分别为 a 和 b，因前、后视距距离相等，所以 i 角对前、后视读数的影响等均为 x，A、B 两点的高差为 $h_1=(a_1-x)-(b_1-x)=a_1-b_1$。

（4）校正方法：转动微倾螺旋，使十字丝的横丝切于 A 尺的正确读数 a_2' 处，此时视准轴水平，但水准管气泡偏离中心。用校正针先松开水准管的左右校正螺钉，然后拨动上下校正螺钉，一松一紧，升降水准管的一端，使气泡居中。此项检验需反复进行，符合要求后，将校正螺钉旋紧。

经验指导：当 i 角误差不大时，也可用升降十字丝进行校正。

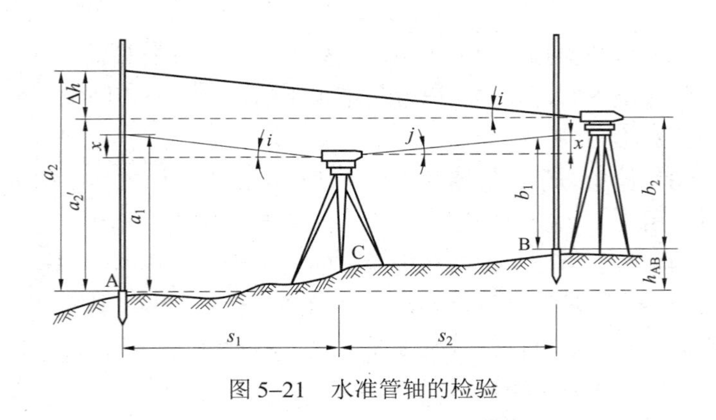

图 5–21　水准管轴的检验

第四节　水准测量误差来源及其影响

一、仪器和工具误差

（1）水准仪的误差：仪器经过检验校验后，还会存在残余误差，如微小的 i 角误差。当水准管气泡居中时，由于 i 角误差使视准轴不处于准确水平的位置，会造成在水准尺上的读数误差。在一个测站的水准测量中，如果使前视距与后视距相等，则 i 角误差对高差测值的影响可以消除。严格地检校仪器和按水准测量技术要求限制视距差的长度，是降低本项误差的主要措施。

（2）水准尺的误差：水准尺的分划不精确、尺底磨损、尺身弯曲都会给读数造成误差，因此必须使用符合技术要求的水准尺。

二、整平误差

水准测量是利用水平视线测定高差的，当仪器没有精确整平，则倾斜的视线将使标尺读数产生误差。

三、读数误差

（1）当尺像与十字丝分划板平面不重合时：眼睛靠近目镜上下移动，发现十字丝和目镜像有相对运动，称为视差；视差可通过重新调节目镜和物镜调焦螺旋加以消除。

（2）估读误差与望远镜的放大律和视距长度有关，故各线水准测量所用仪器的望远镜和最大视距都有相应规定，普通水准测量中，要求望远镜放大率在 20 倍以上，视线长不超过 150m。

四、偶然误差

在相同的观测条件下，做一系列的观测，如果观测误差在大小和符号上都表现出随机性，即大小不等，符号不同，但统计分析的结果都具有一定的统计规律性，这种误差称为偶然误差。

由于偶然误差表现出来的随机性，所以偶然误差也称随机误差，单个偶然误差的出现不能体现出规律性，但在相同条件下重复观测某一量，出现的大量偶然误差都具有一定的规律性。

偶然误差是不可避免的。为了提高观测成果的质量，常用的方法是采用多余观测结果的算术平均值作为最后观测结果。

五、大气折射的影响

因为大气层密度不同，对光线产生折射，使视线产生弯曲，从而使水准测量产生误差。视线离地面越近，视线越长，大气折射的影响越大。为消减大气折射的影响，只能采取缩短视线，并使视线离地面有一定的高度及前视、后视的距离相等的方法。

第五节　自动安平水准仪和精密水准仪操作

一、自动安平原理

如图 5–22 所示，若视准轴倾斜了α角，为使经过物镜光心的水平光线仍能通过十字丝交点 A，可采用以下两种方法。

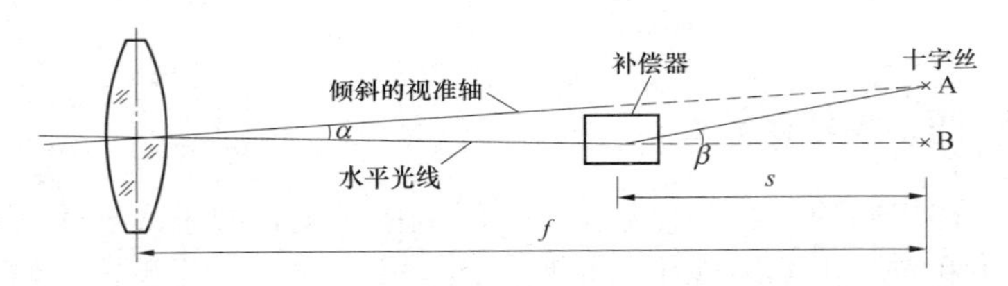

图 5–22　自动安平原理

（1）在望远镜的光路中设置一个补偿器装置，使光线偏转一个β角而通过十字丝交点 A。

（2）若能使十字丝交点移至 B，也可使视准轴处于水平位置而实现自动安平。

二、DZS3–1 型自动安平水准仪

DZS3–1 型自动安平水准仪（图 5–23）的特点如下所示。

图 5–23　DZS3–1 型自动安平水准仪

（1）采用轴承吊挂补偿棱镜的自动安平机构，为平移光线式自动补偿器。

（2）设有自动安平警告指示器，可以迅速判别自动安平

机构是否处于正常工作范围，提高了测量的可靠性。

（3）采用空气阻尼器，可使补偿元件迅速稳定。

（4）采用正像望远镜，观测方便。

（5）设置有水平度盘，可方便地粗略确定方位。

三、精密水准仪

精密水准仪主要应用于国家一、二等水准测量和高精度的工程测量中，如建筑物的变形观测、大型建筑物的施工及大型设备的安装等测量工作。

精密水准仪的构造与水准仪基本相同，也是由望远镜、水准器和基座三个主要部件组成，国产 S_1 型精密水准仪（图 5–24），其光学测微器的最小读数为 0.05mm。

图 5–24　精密水准仪

为了进行精密水准测量，精密水准仪必须符合下列几点要求。

（1）高质量的望远镜光学系统：为了获得水准标尺的清晰影像，望远镜的放大倍率应大于 40 倍，物镜的孔径应大于 50mm。

（2）高精度的测微器装置：精密水准仪必须有光学测微器装置，以测定小于水准标尺最小分划线间格值的尾数，光学测微器可直读 0.1mm，估读到坚固稳定的仪器结构；为了相对稳定视准轴与水准轴之间的关系，精密水准仪的主要构件均采用特殊的合金钢制成。

（3）高灵敏的管水准器（图 5–25）：精密水准仪的管水准器的格值为 10/2mm。

（4）高性能的补偿器装置：精密水准仪配套使用的精密水准标尺（图 5–26），标尺全长为 3m，在木质尺身中间的槽内，装有膨胀系数极小的因瓦合金带，带的下端固定，上端用弹簧拉紧，以保证因瓦合金带的长度不受木质尺身伸缩变形的影响。

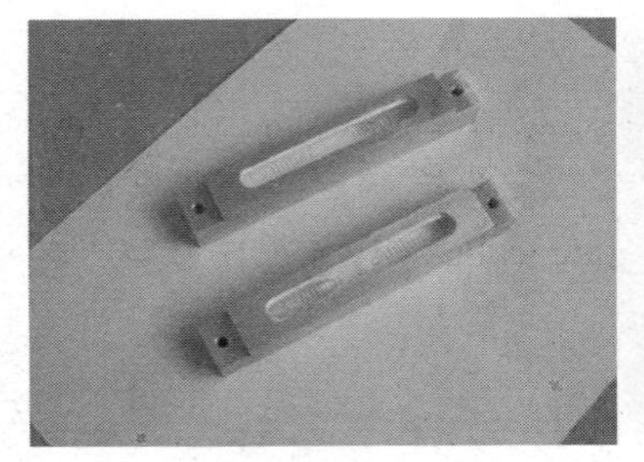
图 5–25　高灵敏的管水准器

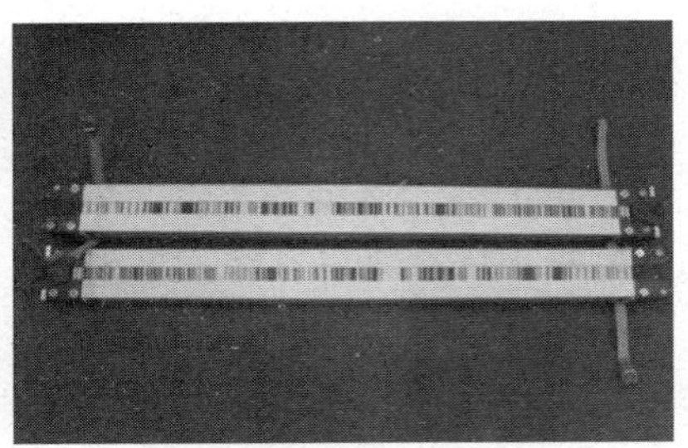
图 5–26　精密水准标尺

第六节　水准测量数据成果校核与处理

一、附合水准路线的成果校核

1. 计算高差闭合差

从理论上讲，在整个水准线路上观测所得到的各段高差的总和应该等于这个路线的一直高差（起终点间的高差）。但由于测量误差的影响，往往两者并不相等，其差值称为高差闭合差，以 f_h 表示。

$$f_h = H_{终计} - H_{终知} = H_{起知} + \sum h_{测} - H_{终知}$$

式中　$H_{终计}$——终点的计算高程；

$H_{起知}$——起点的已知高程；

$\sum h_{测}$——观测高差总和；

$\sum h_{知}$——已知高差。

2. 计算允许闭合差、进行精度评定

在一般建筑工程水准测量中，采用《工程测量规范》（GB 50026—2007）规定的四等水准允许闭合差的公式进行计算，即

$$f_{h允} = \pm 20\text{mm}\sqrt{L}$$

式中　$f_{h允}$ ——允许闭合差（水准线路观测高差闭合差的允许值）；

L——水准路线总长，以 km 计。

每千米内测站数超过 15 站时，使用公式

$$f_{h允} = \pm 6\text{mm}\sqrt{L}$$

式中　n——水准路线观测的测站总数。

若高差闭合差小于或等于允许闭合差，即$|f_h| \leqslant |f_{h允}|$，则称观测精度合格；若高差闭合差大于允许闭合差，即$|f_h| > |f_{h允}|$，则称观测精度不合格。当精度不合格时，观测数据不能采用，需要重新观测。

3. 分配高差闭合差、计算调整后的高程

如果观测精度合格，要将高差闭合差反号并按照与测站数或线路长度成正比地分配到高差中，并计算调整后的高程。

高差闭合差调整值的计算公式为

$$V_i = -f_h / \sum n \times n_i$$

式中　V_i ——第 i 站（或第 i 段）的高差调整值（又称高差改正数）；

f_h ——高差闭合差；

$\sum n$ 、n_i——水准路线的总测站数、总长度。

经验指导：高差闭合差的计算可以简化为 $f_h = H_{终计} - H_{终知} = H_{起知} + \sum h_{测} - H_{终知} = \sum h_{测} - (H_{终计} - H_{终知}) = \sum h_{测}$ ，即各段观测高差的总和就是高差闭合差。

4. 附合水准路线成果校核实例解析

附合水准线路成果校核的实例解析见表 5-2。

表 5–2　　　　　　某工程水准测量计算手簿

工程名称：×××××××　　天气：晴　　观测：×××
日　　期：2008.9.5　　仪器：S3　007#　　记录：×××

测点	后视读数	前视读数	高差 +	高差 −	观测高程	调整后高程
A	1.316				43.625	43.625
				0.535		
1	1.189	1.851			+2 43.090	43.092
				0.285		
2	1.689	1.474			+4 42.805	42.809
			0.947			
3	0.648	0.742			+6 43.752	43.758
				1.415		
B		2.063			+8 42.337	42.345
计算校核	$\sum a = 4.842$　$\sum b = 6.130$　$\sum h = -1.288$　$H_{终} = 42.337$ $-\sum b = 6.130$　　$-H_{始} = 43.625$ -1.288　　-1.288 $\sum a - \sum b = \sum h = H_{终} - H_{始} = -1.288$　计算无误					
成果校核	高差闭合差 $f_h = H_{终计} - H_{终知} = 42.337m - 42.345m = -0.008m = -8mm$ 允许闭合差 $f_{h允} = \pm 6mm\sqrt{n} = \pm 6mm\sqrt{4} = \pm 12mm$ $\lvert f_h \rvert < \lvert f_{h允} \rvert$ 观测精度合格 每站调整值 $v_h = -f_h / n = -(-8mm)/4 = +2mm$					

二、闭合水准路线的成果校核

闭合水准路线的成果校核方法与附合水准路线的成果校核方法基本一致，它的起点和终点相同，即高程相等。可以设想，如果在附合水准路线中，起点、终点高程恰好相等，只是点的名称不同，这时已经知道如何进行它的成果校核。现在仅仅是将终点的名称换成与起点相同，所以它的成果校核方法可以完全按照附合水准路线的成果校核方法来进行。

三、支水准路线的成果校核

支水准路线采用往测和返测的观测方法形成多余观测，构成了检核条件。它的成果校核步骤是：

（1）计算高差闭合差f_h：

$$f_h = \sum h_{往} + \sum h_{返}$$

（2）计算允许闭合差、评定观测精度：允许闭合差的计算与闭合水准路线和附合水准路线的计算方法相同，唯一的区别是测站数和线路长度均按单程计算，而非全部。

（3）计算往返测的平均高差，求出欲求点的高程：

$$h_{均} = -(\sum h_{往} - \sum h_{返})/2，\ H_{欲} = H_{知} + h_{均}$$

如图 5–27 所示，为一条支水准路线，BM3 为水准点，欲测定 B 点高程。现在采用往返测方法向 B 点引测高程。评定观测精度，求出 B 点高程。

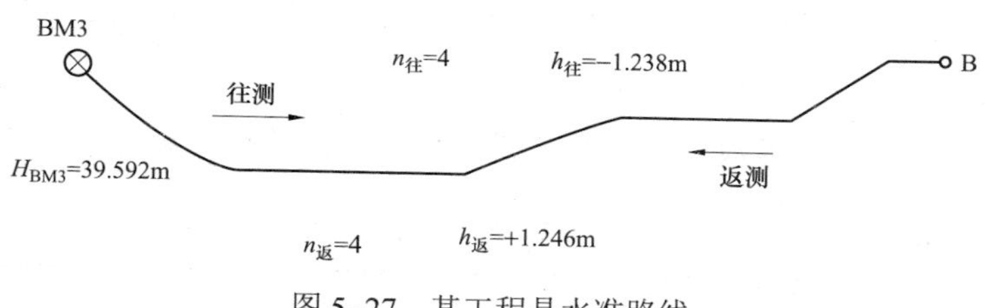

图 5–27　某工程是水准路线

解析：

（1）计算高差闭合差：

$$f_h = \sum h_{往} + \sum h_{返} = -1.238\text{m} + 1.246\text{m}$$
$$= +0.008\text{m} = +8(\text{mm})$$

（2）计算允许闭合差：

$$f_{h允} = \pm 6\text{mm} \times \sqrt{n} = \pm 6\text{mm} \times \sqrt{4} = \pm 12\text{mm}$$

（3）计算平均高差，求出点 B 高程：

$$h_{均}=\frac{\left(\sum h_{往}-\sum h_{返}\right)}{2}$$
$$=(-1.238\text{m}-1.246\text{m})/2=-1.242\text{m}$$
$$H_{B}=H_{BM3}+h_{Bj}=39.592\text{m}+(-1.242\text{m})=38.350\text{m}$$

四、水准测量成果计算实例及解析

1. 高差闭合差的定义

从本章上述的内容中可以得知，高差闭合差可以定义为：在控制测量中，实测高差的总和与理论高差的总和之间的差值，表示为：$f_{h}=\sum h_{测}+\sum h_{理}$

在外业时，可用该公式检验外业作业的质量，判断是否结束外业。三种水准线路计算高差所用的公式如下：

闭合水准线路、支水准线路：$f_{h}=\sum a-\sum b$

闭合水准路线：$f_{h}=\sum a-\sum b-(H_{终}+H_{始})$

从上述公式推导可以得出：$f_{h}=\sum h_{测}-\sum h_{理}=(H_{终测}-H_{始})-(H_{终理}-H_{始})=H_{终测}-H_{终理}$

下面以一组数据为例对公式进行验证，计算结果见表 5–3。

表 5–3　　水准测量记录数据

测点	后视读数	前视读数	高差	实测高程			备注
1	1.467		0.343	1520.000			
2	1.385	1.124		1520.343			
3	1.869	1.674	–0.289	1520.054			
4	1.425	0.943	0.926	1520.980			
5	1.367	1.212	0.213	1521.193			
6		1.732	–0.365	1520.828			
$\sum$	7.513	6.685	0.828				

解：从表 5–3 中可以看出终点 6 号点的实际高程是 1520.828m，而 6 号点的理论高程是 1520.838m，用公式可直接计算高差闭合差，即

$$f_{h}=\sum h_{测}-\sum h_{理}=1\,520.828-1\,520.838$$
$$=-0.010\text{m}=-10\text{mm}$$

等外水准测量的高差闭合差容许值为：$f_{h容}=\pm\sqrt{n}=\pm12\sqrt{5}=$ ±26.8（mm）

2. 高差闭合差的调整

经过了 5 个测站的观测，在终点上积累了–10mm 的误差，在同条件下，可认为每个测站产生误差的机会均等，那么–10mm 的误差可以平均分摊到每个测站中，即为每个测站在高差测量上产生了–0.002mm 的误差，在平差时可认为每个测站上的平均改正数为 $-f_{h}/n=-0.010/5=-0.002\text{m}$ 。

经验指导：在这里值得注意的是，计算出的平均改正数加入不能除尽，应将所得的结果存储到计算器中，不得进行四舍五入。

对高差闭合差的调整只限于对高差的调整，在实际工作中可以在每个测站的待测点上直接调差，两者的对比见表 5–4。

表 5–4 调 差 对 比

测站	高差	改正数	改正后高差	改正后高程	实测高程	待测点的高程改正数	测点	备注
				1520.000	1520.000		1	已知点
I	0.343	0.002	0.345					
				1520.345	1520.343	0.002（0.002×1）	2	I站待测点
II	–0.289	0.002	–0.287					
				1520.058	1520.054	0.004（0.002×2）	3	II站待测点
III	0.926	0.002	0.928					
				1520.986	1520.980	0.006（0.002×3）	4	III站待测点
IV	0.213	0.002	0.215					
				1521.201	1521.193	0.008（0.002×4）	5	IV站待测点
V	–0.365	0.002	–0.363					
				1520.838	1520.828	0.010（0.002×5）	6	V站待测点

从表 5–4 中可以看出，对于每个测站进行高差的调整，最终还是体现在每个测站的待测点高程上。

因此，在高差闭合差调整时可直接调整每个测站的待测点高程，且每个待测点的改正数可依照表中的数据遵循一个规律，即：待测点的高程改正数=平均改正数×测站号。水准路线计算见表 5–5。

表 5–5　　　　　　　　水准路线计算表

测点	后视读数	前视读数	视线高程	实测高程	改正数	改正后高程	备注
1	1.467		1521.467	1520.000	—	1520.000	BM（H=1520.000m）
2	1.385	1.124	1521.728	1520.343	0.002	1520.345	
3	1.869	1.674	1521.923	1520.054	0.004	1520.058	
4	1.425	0.943	1522.405	1520.980	0.006	1520.986	
5	1.367	1.212	1522.560	1521.193	0.008	1521.201	
6		1.732		1520.828	0.010	1520.838	BM（H=1520.838m）
$\sum$	7.513	6.685					

注：1. 表中的实测高程采用视线高法求得。

2. 表中的改正数为累积改正数。

第 六 章

必备技能之角度测量

第一节　角度测量的基本概念

一、水平角测量原理

概括地说，只要有一个能够水平放置的刻度盘、有一个照准装置以瞄准不同的目标、有一个读数的指标能够读取相应的度盘读数，就可以得到水平角β的大小。

如图 6–1 所示，A、O、B 是高程不等的三个地面点，将 OA、OB 沿铅垂方向投影到水平面上，得出 O_1A_1、O_1B_1 两条投影线，它们的夹角β就是 OA、OB 两条直线的水平角。欲测定β大小，可在 O 点的铅垂线上水平放置一个刻度盘，O_1A_1、O_1B_1 方向线在刻度盘上的对应读数分别为 a 和 b，则水平角β的大小为

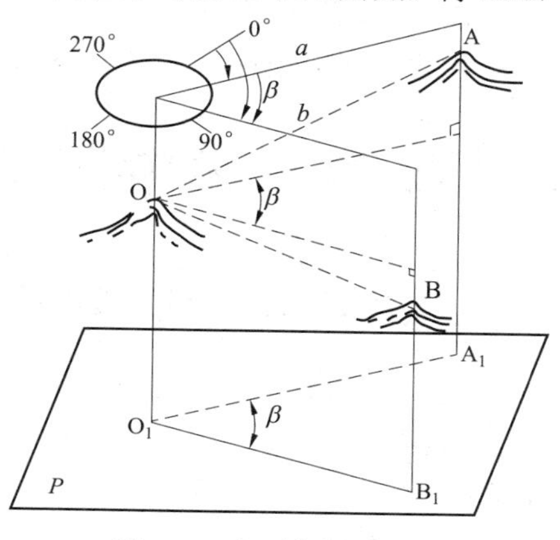

图 6–1　水平角测量原理

$$\beta=b-a$$

式中　a——起始边方向（OA）的度盘读数，称为后视读数；

b——终止边方向（OB）的度盘读数，称为前视读数。

二、竖直角测量原理

如图 6–2 所示，α为 OA 方向线的竖直角，欲测定α的大小，可在 O 点上垂直放置一个刻度盘，OA 方向线在垂直刻度盘上的读数为 c，水平方向线在刻度盘上的读数一定，假设为 d，则竖直角α的大小为

$$\alpha=c-d$$

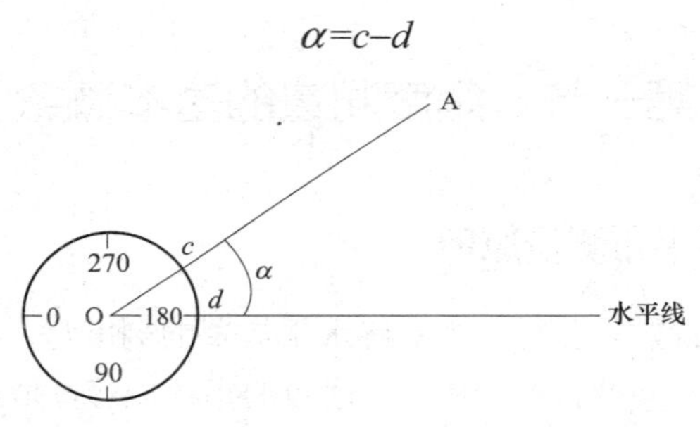

图 6–2　竖直角测量原理图

也就是说，只要有一个可以垂直放置的刻度盘、有一个照准装置和一个读数指标，就能够得到竖直角α的大小。

第二节　工程中常用的 DJ6 光学经纬仪

一、DJ6 型光学经纬仪的构造

光学经纬仪的基本构造是由照准部、水平度盘和基座三个部分组成，图 6–3 所示为 J6–1 型光学经纬仪的外观及部件名称。

1. 照准部

照准部主要包括望远镜、水准器、竖直度盘、读数显微镜和竖轴等。

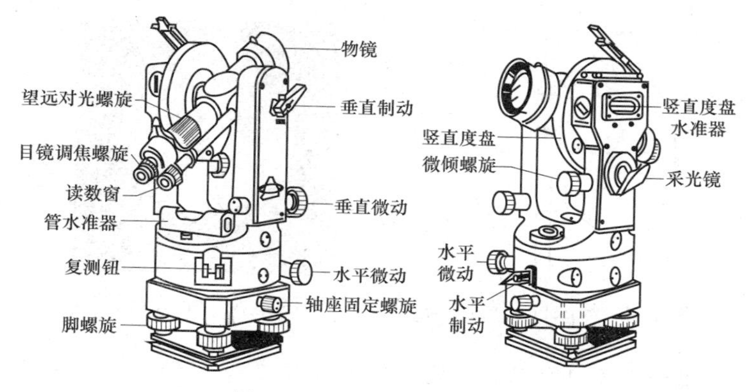

图 6–3　J6–1 型光学经纬仪

（1）望远镜。经纬仪望远镜的构造与水准仪望远镜的构造基本相同。同样由十字丝中央交点和物镜光心的连线构成视准轴（*CC*），提供一条照准视线，并配有目镜对光螺旋和物镜对光螺旋。不同的是，十字丝竖丝一半是单丝，另一半是双丝，如图 6–4 所示。

此外，经纬仪望远镜不仅能随照准部一起绕仪器的中心旋转轴（竖轴）做水平转动，而且能够绕自身的旋转轴（横轴，以 *HH* 表示）做竖直转动。并配有水平制微动螺旋和竖直制微动螺旋，分别控制水平旋转和竖直旋转。通过调节以上三对螺旋（目镜、物镜对光螺旋；水平制微动螺旋；竖直制微动螺旋），可以使观测者照准并看清位于不同方向、不同高度的观测目标。

（2）水准器。在经纬仪上，水准器也包括圆水准器（水准盒）（图 6–5）和长水准器（水准管）两种，水准器的水准轴定义与水准仪上的水准器水准轴相同。圆水准器用于概略整平，长水准器用于精密整平。

（3）竖直度盘。竖直度盘是一块垂直放置的、周边刻有 0° ～ 360° 刻画线的圆形或环形光学玻璃度盘，它主要用于竖直角的观测。

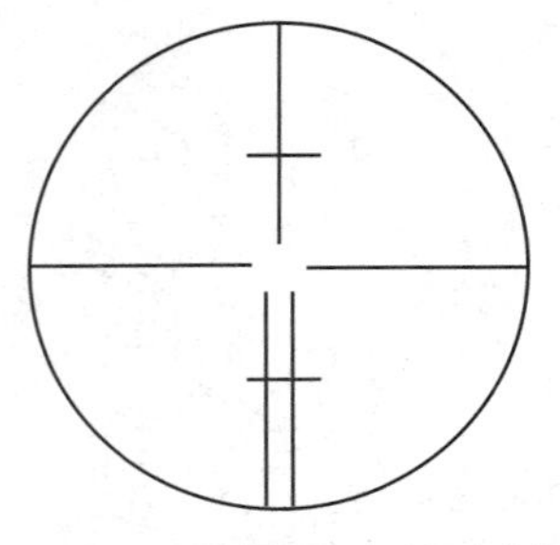
图 6–4　经纬仪十字丝示意图

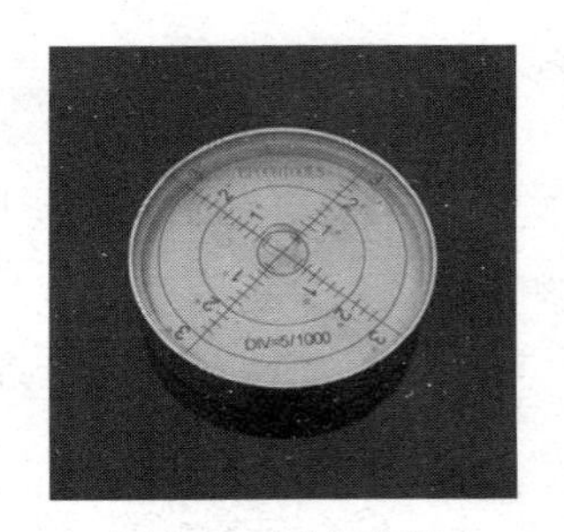

图 6–5　圆水准器

（4）读数显微镜。读数显微镜位于望远镜旁边，它内部的视场影像如图 6–6 所示。这是通过一套光学棱镜、透镜系统的折射和反射作用将度盘的影像投射进来的。读数显微镜是一个读取度盘读数的装置，用它不仅可以读取水平度盘和竖直度盘的刻画读数，而且可以精确地读取度盘最小刻画值以下的数值读数。

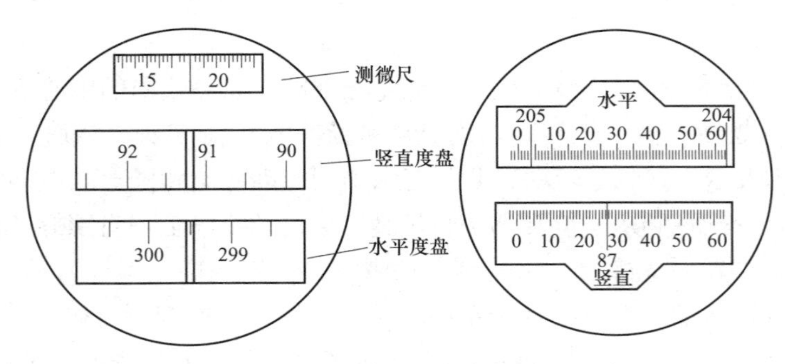

图 6–6　读数显微镜视场影像

（5）竖轴。照准部进行水平转动的旋转轴称为竖轴，以 VV 表示。

2. 水平度盘

水平度盘（图 6–7）是一个套在竖轴轴套之外的水平状态的玻璃圆环，它与照准部是分离的，当照准部转动时，度盘是不动的。因此，望远镜照准不同的方向，水平度盘指标就指向不同的读数。

3. 基座

经纬仪的基座与水准仪的基座基本相同，主要起支承仪器的上部构造（照准部）以及与三脚架进行连接的作用，不同的是它还具有一个可以悬挂垂球的吊钩，用于仪器的对中操作。

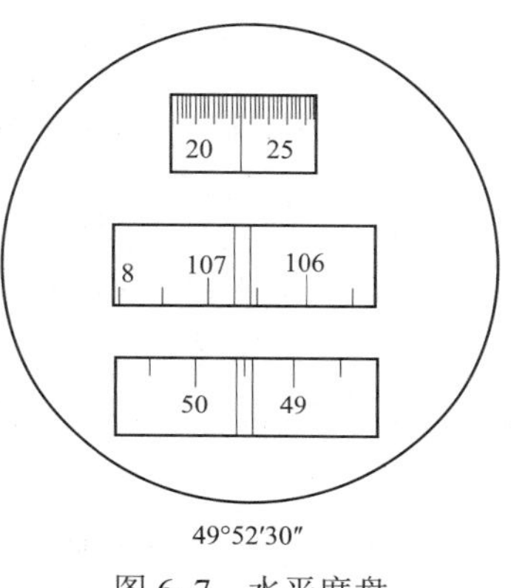

图 6–7　水平度盘

二、测微尺读数装置的光学经纬仪

测微尺读数装置是在显微镜读数窗与场镜上设置一个带有测微尺的分划板，度盘上的分划线经显微镜放大后成像于测微尺上。测微尺 1° 分划间的长度等于度盘的 1 格，即 1° 的宽度。图 6–8 所示为读数显微镜视场，注记有“水平”（或“H”）字样窗口的像是水平度盘分划线及其测微尺的像，注记有“竖点”（或“V”）字样窗口的像是竖直度盘分划线及其测微尺的像。

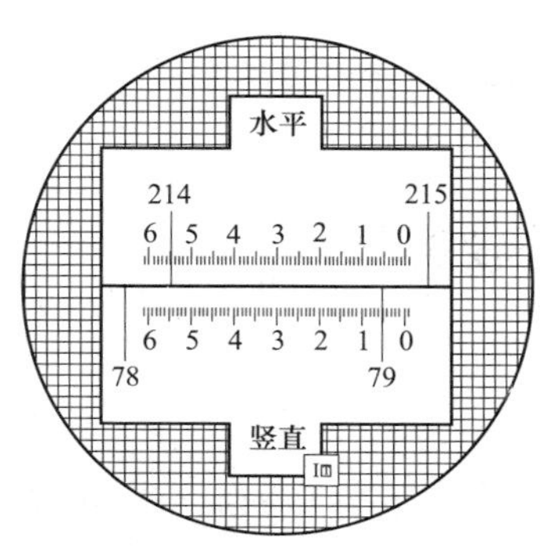

图 6–8　测微尺读数窗口

读数方法为：以测微尺上的“0”分划线为读数指标，“度”数由落在测微器上的度盘分划线的注记读出，测微尺的“0”分划线与度盘上的“度”分划线之间的、小于 1° 的角度在测微尺上读出；最小读数可以估读到测微尺上 1 格的 1/10，即为 0.1′ 或 6″。图 6–8 中水平度盘读数为 214° 54′，竖直度盘读数为 79° 05′。测微尺读数装置的读数误差为测微尺上 1 格的 1/10，即 0.1′

或 6″。

三、单平板玻璃测微装置的光学经纬仪

单平板玻璃测微装置主要由平板玻璃、测微分划尺、测微手轮及传动装置组成。平板玻璃和测微分划尺用金属结构连接在一起，当转动测微手轮时，平板玻璃和测微分划尺一起绕同一轴转动。图 6–9 所示为读数显微镜中的度盘和测微分划的影像，下面为水平度盘读数窗，中间为竖直度盘读数窗，上面为两个度盘合用的测微分划尺的读数窗。

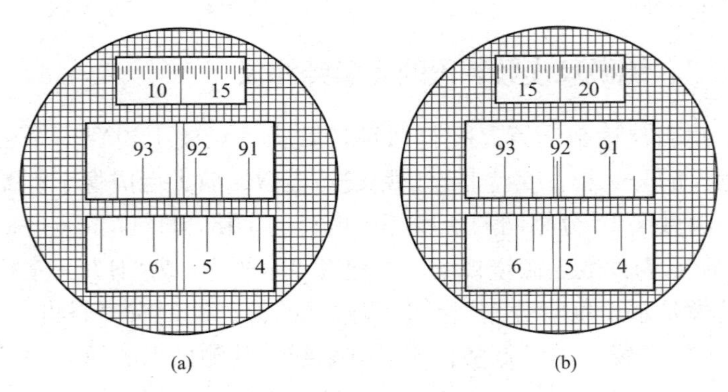

图 6–9　单平板玻璃测微尺的读书窗

（a）水平度盘读数 5° 41′50″；（b）竖直度盘读数 92° 17′34″

第三节　光学经纬仪的操作

一、安置经纬仪

经纬仪的安置包括对中和整平，其目的是使仪器竖轴位于过测站点的铅垂线上，从而使水平度盘和横轴处于水平位置，竖直度盘位于铅垂平面内。对中的方式有垂球对中和光学对中两种，

整平分为粗平和精平。

（1）粗对中。粗对中双手握紧三脚架，眼睛观察光学对中器（如不清楚可调节对中器的目镜调焦螺旋——拔出或推进），移动两个脚架使对中标志基本对准测站点地面标志的中心，踩稳仪器。

（2）精对中。转基座上的三个脚螺旋使对中标志对准地面标志中心，如图 6–10 所示。

图 6–10　对中标志对准地面标志中心

（3）粗平。升降脚架腿，使圆水准气泡居中。

（4）精平。转动照准部，使管水准气泡和任意两个脚螺旋平行。转动这两个脚螺旋，使管水准气泡居中［图 6–11（a）］，转动照准部 90°，转动第三个脚螺旋，使长气泡居中［图 6–11（b）］。精平过程会略微破坏上述的对中关系。

（5）检查对中。检查仪器在任意方向的对中情况，如仍然对中，整平对中完成，否则继续下一步。

（6）再次精平。重复步骤（4）（5），确保仪器对中符合要求，气泡居中（在任意方向气泡偏差不超过 1 格），则仪器安置完成，如图 6–12 所示。

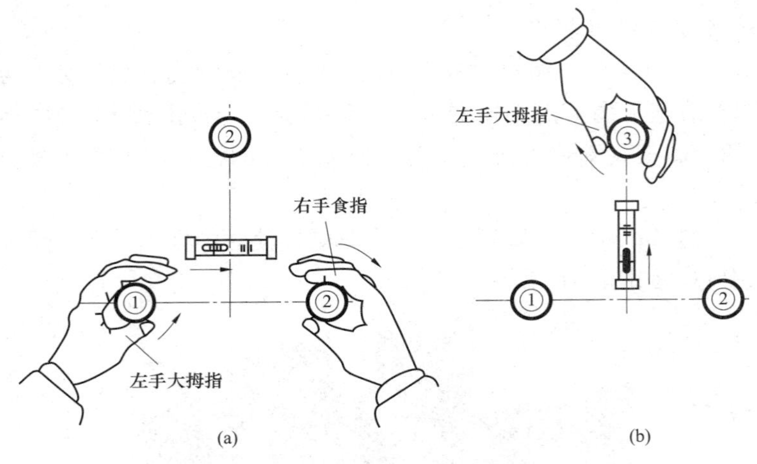

图 6–11　脚螺旋精平

（a）管水准气泡居中；（b）长气泡居中

图 6–12　再次精平使经纬仪气泡居中

二、照准目标

测角时的照准标志一般是竖立于测点的标杆、测钎、用三根竹竿悬吊垂球的线或觇牌，如图 6–13 所示。测量水平角时，以望远镜的十字丝竖丝瞄准照准标志。望远镜瞄准目标的操作步骤如下：

（1）目镜对光：松开望远镜制动螺旋和水平制动螺旋，将望远镜对向明亮的背景（如白墙、天空等，注意不要对向太阳），转动目镜使十字丝清晰。

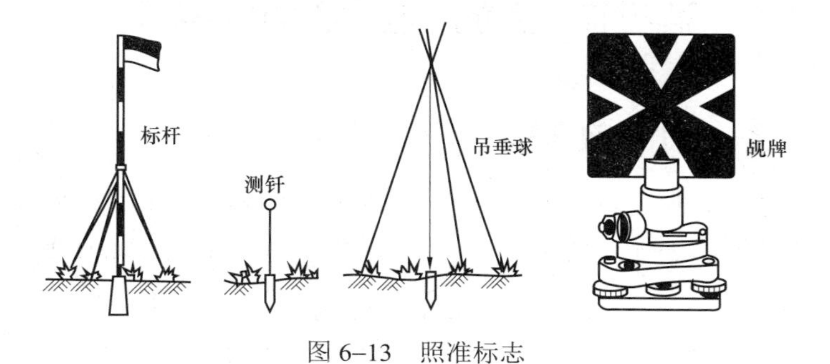

图 6–13 照准标志

（2）粗瞄目标：用望远镜上的粗瞄器瞄准目标，旋紧制动螺旋。

（3）精瞄目标：转动物镜调焦螺旋使目标清晰，旋转水平微动螺旋和望远镜微动螺旋，精确瞄准目标。可用十字丝竖丝的单线平分目标，也可用双线夹住目标。

三、读数或置数

读数时先打开度盘照明反光镜，调整反光镜的开度和方向，使读数窗亮度适中，旋转读数显微镜的目镜使刻画线清晰，然后读数（图 6–14）。

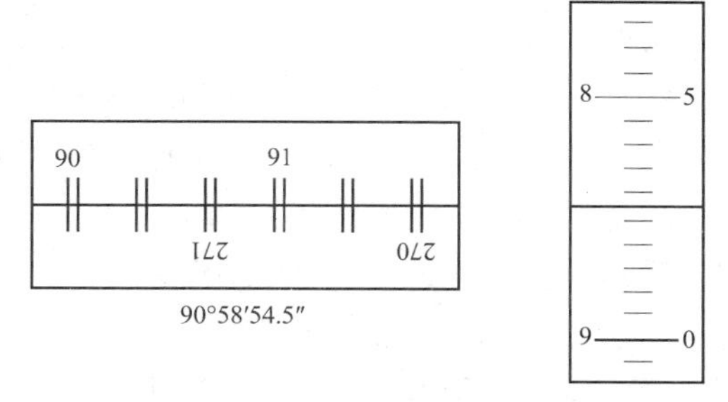

图 6–14 目镜中看到的数据

第四节　建筑工程角度测量操作

一、水平角的观测、记录与计算

根据要观测的方向数的多少，水平角观测可以采用测回法或全圆测回法进行。具体的测法可以依照表 6–1 的规定进行选择。

表 6–1　　水平角测法的选择

方向数	适合的测法
2 个	测回法
3 个	测回法或全圆测回法
4 个及 4 个以上	全圆测回法

经验指导：当观测方向数多于 3 个时，要采用全圆测回法观测。全圆测回法观测是指在观测了起始方向并依次观测了其他所需观测的各个目标方向之后，再次观测起始方向的观测方法，又称为方向观测法。

有时，为了提高观测精度，可以采取多个测回观测，各测回值互差的绝对值按规范要求应小于 24″。

1. 测回法

（1）水平角的观测。如图 6–15 所示，O 点为欲观测角度的角顶点，OA 为水平角的起始方向（也称为后视方向），OB 为水平角的终止方向（也称为前视方向）。现以测定水平角∠AOB 为例，说明测回法观测水平角的操作步骤如下：

1）将经纬仪安置在 O 点（称为测站点），进行对中、整平。在目标 A、B 上分别安置垂球架或觇牌。

2）配置度盘读数为 0° 00′ 00″，以盘左照准目标 A，读取后视读数 α_1=0° 00′ 12″；顺时针转动望远镜照准目标 B，读取前视

读数 b_1=52° 55′ 30″，则水平角β_1=∠AOB=b_1-a_1=52° 55′ 30″−0° 00′ 12″=52° 55′ 18″，此称为上（或前）半测回。

3）以盘右照准目标 B，读取后视读数 b_2=230° 56′ 54″；再逆时针转动望远镜照准目标 A，读取前视读数 a_2=180° 00′ 24″，则水平角β_2=∠AOB=b_2-a_2=230° 56′54″−180° 00′24″=50° 56′30″，此称为下（或后）半测回。

4）当上、下半测回角值$|\beta_1-\beta_2|$≤40″时，可认为观测精度合格，取其平均值β=1/2×（$\beta_1+\beta_2$）作为观测结果，称为测回指值。

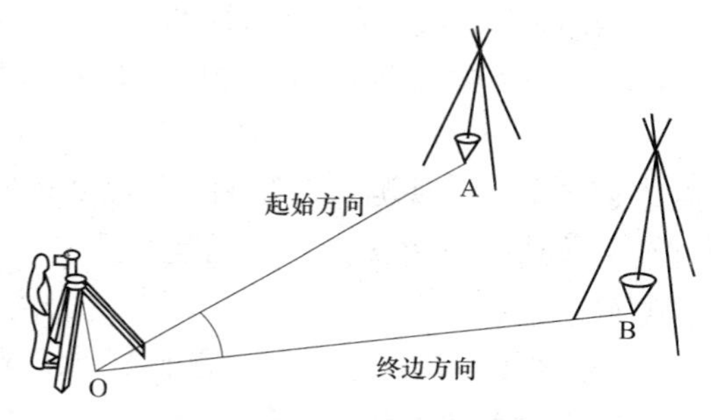

图 6–15　水平角的观测

（2）水平角观测数据的记录与计算。记录时，属于哪个方向的读数，就要对齐哪个目标点名称。计算半测回水平角值时，要以前视读数减后视读数，当不够减时，可先在前视读数上加 360° 之后再减后视读数。

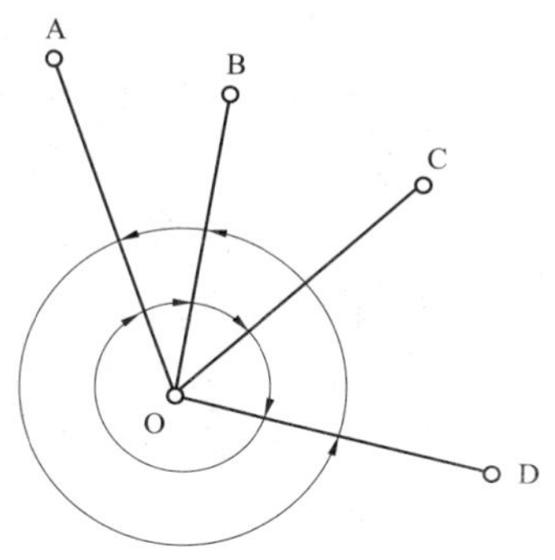

图 6–16　全圆测回法

2. 全圆测回法观测

（1）全圆测回法的观测方法如下：

1）如图 6–16 所示，O 点为测站点，A、B、C、D 为观测目标。首先安置经纬仪于 O 点，进行对中和整平。将望远镜调整为盘左位置，配置水平度盘读数为0° 00′ 00″（通常为略大于此值），照准目标A（称为起始方向或零方向），读取水平度盘读数，记录于全圆测回法观测记录手簿中。

2）顺时针方向旋转照准部，依次照准观测目标B、C、D各点，分别进行读数、记录。

3）为了校核，继续顺时针方向旋转照准部，再次照准起始目标 A（称为归零），进行读数、记录，此为上半测回。A 方向两次读数之差称为半测回归零差。

4）纵转望远镜成为盘右位置，逆时针方向依次瞄准起始方向A、B、C、D，最后再归零到A点，分别读数并记录，此为下半测回。

根据精度需要，有时要观测多个测回，各测回也应按与测回法中介绍的度盘配置值计算公式计算并配置度盘。

（2）全圆测回法的记录与计算。

1）记录。记录要填写测站点名称、测回序号、观测目标点名称以及相应的度盘读数等，要求每个读数必须填写到对应的位置上，即横向对齐目标点、纵向对齐读数所属盘位栏。

2）计算。在记录手簿中，要计算盘左和盘右同一方向的2C互差、平均读数、归零后方向值以及各测回归零后的方向值等项。

① 计算2C互差。2C互差，也称为2倍照准误差，是指由视准轴与横轴不垂直造成盘左、盘右照准同一目标的读数之差不等于180° 的偏差，计算公式为

2C=盘左读数–（盘右读数±180° ）

② 平均读数。平均读数是指盘左、盘右照准同一目标两次读数的平均值，计算公式为

平均读数=1/2［盘左读数+（盘右读数±180）］

③ 零方向的平均值。作为零方向，由于有初始读数和归零读数这两个读数，所以要取这两个读数的平均值作为零方向的唯

一读数。

④ 归零后的方向值。归零后的方向值是指在一个测回中，各方向的平均读数分别减去起始方向的平均值之后的方向值。

⑤ 各测回归零后的方向值。当进行了多个测回观测时，同一目标方向上就会得到多个测回方向值，这时要取它们的平均值作为各测回归零后的方向值。

二、竖直角的观测、记录与计算

1. 竖直角的观测

竖直角的观测方法也称为测回法，具体步骤如下：

（1）安置经纬仪于测站点 O 上，进行对中和整平。

（2）盘左照准观测目标上。对于具有竖直度盘指标水准管的仪器，需要先调整水准管微动螺旋，使指标水准管气泡居中，然后通过读数显微镜读取竖直度盘读数 L；对于具有竖直度盘指标自动补偿设备的仪器，则可以直接读取竖直度盘读数 L，此为前（上）半测回。

（3）盘右照准观测目标 P，读取竖直度盘读数 P，完成后（下）半测回。

（4）当前、后半测回竖直角角值之差小于或等于限差时，取二者的平均值作为一个测回的观测结果。

2. 竖直角的记录和计算

（1）记录。记录时，要填写测站点名称、观测目标点名称、观测盘位，读数填写要对齐目标点所在行及竖盘读数所在列。

（2）计算。计算时，关键的问题是计算公式：

$$\alpha_{左}=90^\circ-L \qquad \alpha_{右}=R-270^\circ$$

$$\alpha_{左}=L-90^\circ \qquad \alpha_{右}=270^\circ-R$$

对于公式的判断要掌握一个原则，那就是仰角为正、俯角为负。

三、角度测量计算实例及解析

根据表 6–2 给出的数据，计算半测回、指标差及竖直角的数据。

表 6–2　　竖直角观测数据

目标	盘位	竖盘读数（° ′ ″）	半测回竖直角（° ′ ″）	指标差（″）	一测回竖直角（° ′ ″）
A	左位（L）	72 18 18	17 41 42	+9	17 41 51
	右（R）	287 42 00	17 42 00		
B	左（L）	96 32 48	–6 32 48	+9	–6 32 39
	右（R）	263 37 30	–6 32 30		

（1）竖直角计算：$\{\alpha_{左} = 90° - L$（左盘半测回竖直角）；$\alpha_{右} = R - 270°$（右盘半测回竖直角）$\}$。

（2）竖盘指标差：$X = (L + R - 360°)/2$。

（3）一测回竖直角：两个半测回竖直角的平均值（一个测回=两个半测回）。

（4）计算步骤。

1）半测回：

$$\alpha_{左}(1) = 90° - 72°18'18'' = 17°41'42''$$

$$\alpha_{右}(1) = 278°42'00'' - 270° = 8°42'00''$$

$$\alpha_{右}(2) = 90° - 96°32'48'' = -6°32'48''$$

$$\alpha_{右}(2) = 263°27'30'' - 270° = -6°32'30''$$

2）指标差：

$$X(1) = (72°18'18'' + 278°42'00'' - 360°)/2 = +9$$

$$X(2) = (96°32'48'' + 263°27'00'' - 360°)/2 = +9$$

3）测回竖直角：

$$(17°41'42'' + 17°42'00'')/2 = 17°41'51''$$

$$(-6°32'48'' - 6°32'30'')/2 = -6°32'39''$$

第五节　经纬仪的检验和校正

一、经纬仪应满足的几何条件

要想测得可靠的水平角与竖直角，经纬仪各部件之间必须满足一定的几何条件。仪器各部件间的正确关系，在制造时虽然已满足要求，但由于运输和长期使用，各部件间的关系必然会发生一些变化，故做测角作业前，应针对经纬仪必须满足的条件进行必要的检验与校正。

经纬仪的主要轴线（图6–17）有：竖轴 *VV*、横轴 *HH*、望远镜视准轴 *CC* 和照准部水准管轴 *LL*。由测角原理可知，观测角度时，经纬仪的水平度盘必须水平；竖直度盘必须铅垂；望远镜上下转动的视准面（视准轴绕横轴的旋转面）必须为铅垂面；观测竖直角时，竖直度盘指标还应处于其正确的位置。因此，经纬仪应满足如下条件：

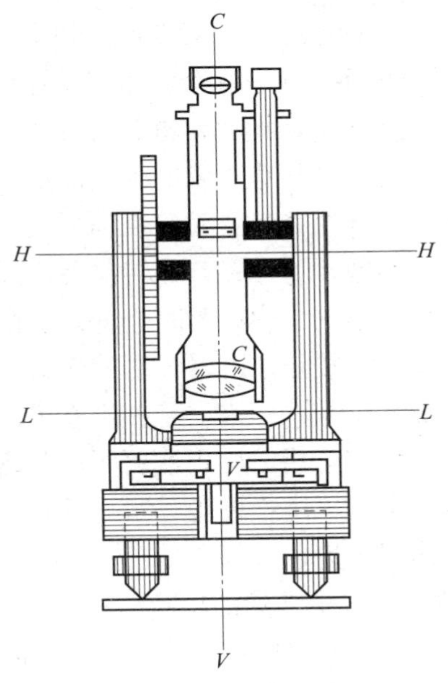

图 6–17　经纬仪轴线

（1）照准部水准管轴垂直于仪器的竖轴（$LL \perp VV$）。

（2）十字丝竖丝垂直于仪器的横轴。

（3）望远镜的视准轴垂直于仪器的横轴（$CC \perp HH$）。

（4）仪器的横轴垂直于仪器的竖轴（$HH \perp VV$）。

（5）竖盘指标处于正确位置（x=0）。

（6）光学对中器的视准轴经棱镜折射后，应与仪器的竖轴重合。

经验指导：在经纬仪使用前，必须对以上各项条件按下列顺序进行检验，如不满足应进行校正。对校正后的残余误差，还应采取正确的观测方法消除其影响。

二、经纬仪的检验与校正

1. 照准部水准管的检验与校正

检校目的：使照准部水准管轴垂直于仪器的竖轴，这样可以利用调整照准部水准管气泡的方法使竖轴铅垂，从而整平仪器。

检验方法：假设仪器并将其大致整平，转动照准部，使水准管平行于任意两个脚螺旋的连线，旋转这两个脚螺旋，使水准管气泡居中，此时水准管轴水平。将照准部旋转 180°，若水准管气泡仍然居中，表明条件满足，不用校正。若水准管气泡偏离中心，表明两轴不垂直，需要校正。

校正方法：首先转动上述两个脚螺旋，使气泡向中央移动到偏离值的一半，此时竖轴处于铅垂位置，二水准管轴倾斜。用校正拨针校正水准管一端的螺钉，使气泡居中，此时水准管轴水平，竖轴铅垂，即水准管轴垂直于仪器竖轴的条件得以满足。

校正后，应再次将照准部旋转 180°，若气泡仍不居中，应按上法再进行校正。如此反复，直至照准部在任意位置时，气泡均居中为止。

2. 十字丝的检验与校正

检校目的：使竖丝垂直于横轴这样观测水平角时，可用竖丝的任何部位照准目标；观测竖直角时，可用横丝的任何部位照准目标。显然，这将给观测带来方便。

检验方法：整平仪器后，用十字丝交点照准一固定的、明显的点状目标，固定照准部和望远镜，旋转望远镜的微动螺旋，使望远镜上下微动，若从望远镜内观察到该点始终沿竖丝移动，则条件满足，不用校正，否则，目标点偏离十字丝竖丝移动，说明十字丝竖丝不垂直于横轴，应进行校正。

校正方法：卸下位于目镜一端的十字丝护盖，旋松 4 个固定螺钉，微微转动十字丝环，再次检验，重复校正，直至条件满足，然后拧紧固定螺钉，装上十字丝护盖。

3. 视准轴的检验与校正

检验目的：使视准轴垂直于横轴，这样才能使视准面成为平面，为其成为铅垂面奠定基础。否则，视准面将成为锥面。

检验方法：视准轴是物镜光心与十字丝交点的连线，仪器的物镜光心是固定的，而十字丝交点的位置是可以变动的。所以，视准轴是否垂直于横轴，取决于十字丝交点是否处于正确位置。当十字丝交点偏向一边时，视准轴横轴不垂直，形成视准轴误差。即视准轴横轴间的交角与 90° 的差值，称为视准轴误差，通常用 c 表示。

如图 6–18 所示，在一平坦场地上，选择一直线 AB，长约 100m。经纬仪安置在 AB 的中点 O 上，在 A 点竖立一标志，在 B 点横置一根刻有毫米分划的小尺，并使其垂直于 AB。仪器以盘左精确瞄准 A 点的标志，倒转望远镜瞄准横放于 B 点的小尺，并读取尺上读数 B_1。旋转照准部以盘右再次精确瞄准 A 点的标志，倒转望远镜瞄准横放于 B 点的小尺并读取尺上读数 B_2。如果 $B_1 \perp B_2$ 相等，表明视准轴垂直于横轴，否则应进行校正。

校正方法：由图 6–18 可以明显看出，由于视准轴误差 c 的存在，盘左瞄准 A 点到镜后实现偏离 AB 直线的角度为 $2c$，而盘右瞄准 A 点倒镜后视线偏离 AB 直线的角度也为 $2c$，单偏离方向与盘左相反，因此 B_1 与 B_2 两个读数之差所对的角度为 $4c$。为了消除视准轴误差 c，只需在小尺上定出一点 B_3，该点与盘右读数 B_2 的距离为 $1/4B_1B_2$。

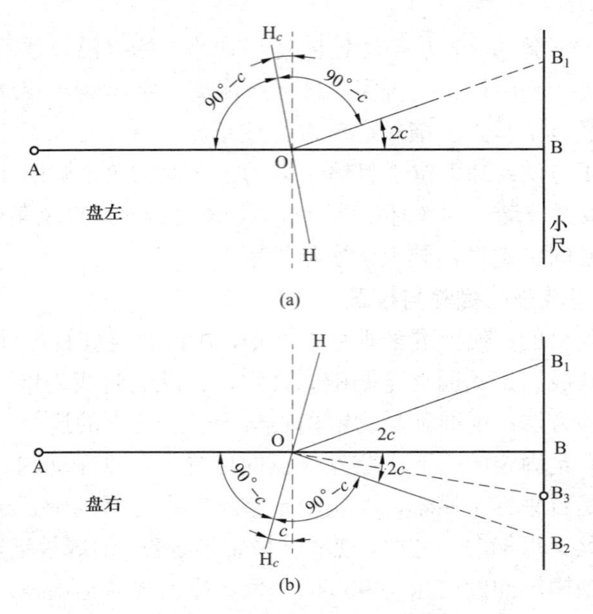

图 6–18　视准轴误差检验校正

4. 横轴的检验与校正

检校目的：使横轴垂直于竖轴，这样，当仪器整平后竖轴铅垂、横轴水平、视准面为一个铅垂面，否则，视准面将成为倾斜面。

检验方法：在距离高墙 20～30m 处安置经纬仪，用盘左照准高处的一明显点 M（仰角宜在 30° 左右），固定照准部，然后将望远镜大致放平，指挥另一人在墙上标出十字丝交点的位置，设为 m_1［图 6–19（a）］。

将仪器变换为盘右，再次照准目标 M 点，大致放平望远镜后，用同前的方法再次在墙上标出十字丝交点的位置，设为 m_2［图 6–19（b）］。

如过两点 m_1、m_2 不重合，说明横轴不垂直于竖轴，即存在横轴误差，需要校正。

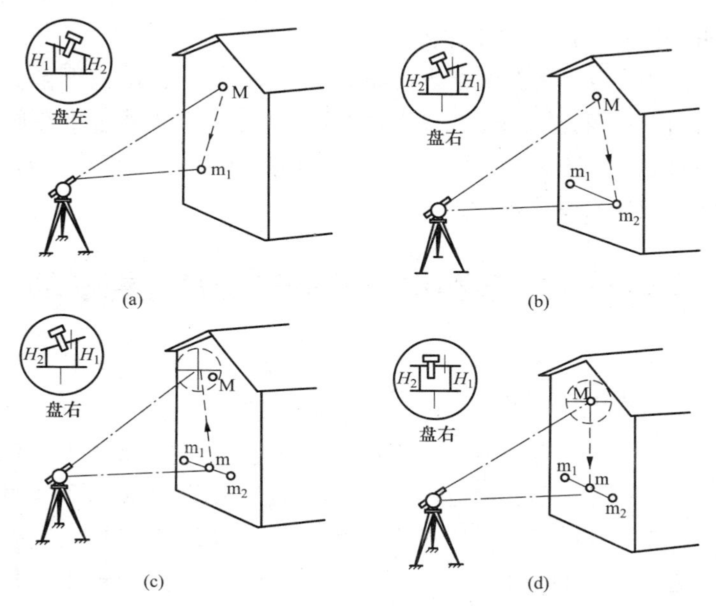

图 6–19　横轴的检验与校正

（a）步骤一；（b）步骤二；（c）步骤三；（d）步骤四

校正方法：取 m_1 和 m_2 的中点 m，并以盘右或盘左照准 m 点，固定照准部，转动照准部，转动望远镜抬高物镜，此时的视线必然偏离了目标点 M，即十字丝交点与 M 点发生了偏移［图 6–19（c）］。调节横轴偏心板，使其一端抬高或降低，则十字丝交点与 M 点即可重合［图 6–19（d）］，横轴误差被消除。

5. 光学对中器的检验与校正

检校目的：使光学对中器的视准轴经棱镜折射后与仪器的竖轴重合，否则产生对中误差。

检验方法：经纬仪严格整平后，在光学对中器下方的地面上放一张白纸，将对中器的刻画圈中心投绘在白纸，设为 a_1 点；旋转照准部 180°，再次将对中器的刻画圈中心投绘在白纸上设为 a_2 点；若 a_1 与 a_2 点两点重合，说明条件满足，不用校正，否则说明条件不满足，需要校正。

校正方法：在白纸上定出 a_1 与 a_2 的连线中心 a，打开两支架间的圆形护盖，转动光学对中器的校正螺钉，使对中器的刻画圈中心前后、左右移动，直至对中器的刻画圈中心与 a 点重合为止，此项校正也需反复进行。

第六节　角度测量误差的来源及注意事项

一、仪器误差

仪器误差可分为两个方面：一方面是仪器制造加工不完善而引起的误差，主要有度盘刻画不均匀误差、照准部偏心差（照准部旋转中心与度盘刻画中心不一致）和水平度盘偏心差（度盘旋转中心与度盘刻画中心不一致），这一类误差一般都很小，并且大多数都可以在观测过程中采取相应的措施消除或减弱它们的影响。例如，通过观测多个测回，并在测回间变换度盘位置，使读数均匀地分布在度盘各个位置，以减小度盘分划误差的影响；水平度盘和照准部偏心差的影响可通过盘左、盘右观测取平均值消除。

另一方面是仪器检验校正后的残余误差。它主要是仪器的三轴误差（即视准轴误差、横轴误差和竖轴误差），其中，视准轴误差和横轴误差，均可通过盘左、盘右观测取平均值消除，而竖轴误差不能用正、倒镜观测消除。因此，在观测前除应认真检验、校正照准部水准管外，还应仔细地进行整平。

二、观测误差

1. 仪器对中误差

水平角观测时，由于仪器对中不精确，致使仪器中心没有对准测站点 O 而偏于 O′ 点，OO′ 之间的距离 e 称为测站点的偏心距，如图 6–20 所示。

仪器在 O 点观测的水平角应为β而在 O′ 处测得的角值为β'，过 O′ 点作 O′ A′ //OA，O′ B′ //OB，则对中误差对水平角的影响为

$$\Delta\beta=\beta-\beta_1=\delta_1+\delta_2$$

因偏心距 e 较小，故δ_1和δ_2为小角度，于是可近似地把 e 看作一段小圆弧。设 O′ A=S_1，O′ B=S_2，则有

$$\Delta\beta=\delta_1+\delta_2=(1/S_1+1/S_2)e\rho$$

从上式可看出，对中误差对水平角的影响与偏心距 e、偏心距 e 的方向、水平角大小以及测站的距离有关。因此边长较短或观测角接近 180° 时，应特别对中。

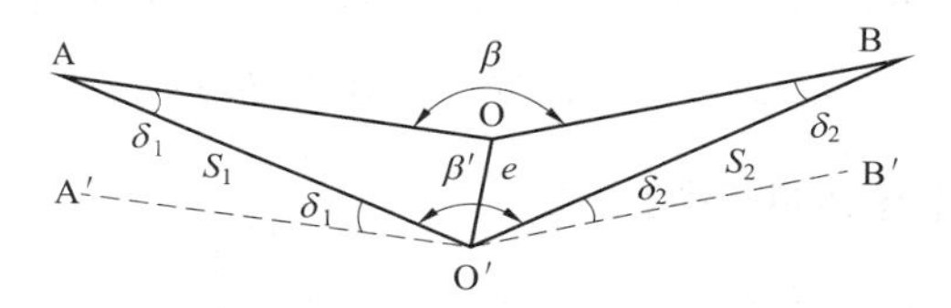

图 6–20　对中误差对水平角的影响

2. 目标偏心误差

因照准标志没有竖直，使照准部位和地面测站点不在同一铅垂线上，将产生照准点上的目标偏心误差。其影响与仪器对中误差的影响类同，即

$$\Delta\beta=\beta-\beta'=d_1/S_1\times\rho$$

从上式可看出，$\Delta\beta$与 d_1 成正比，与 S_1 成反比。因此，进行水平角观测时，应将观测标志竖直，并尽量照准目标底部；当边长较短时，更应特别注意精确照准。

3. 整平误差

因照准部水准管气泡不居中，将导致竖轴倾斜而引起的角度误差，该项误差不能通过正倒镜观测消除。竖轴倾斜对水平角的

影响，和测站点到目标点的高差成正比。因此，在观测过程中，尤其是在山区作业时，应特别注意整平。

4. 照准误差

照准误差与人眼的分辨能力和望远镜放大率有关。一般认为，人眼的分辨率为60″。若借助于放大率为 V 倍的望远镜，则分辨能力就可以提高 V 倍，故照准误差为60″/V。DJ6 型经纬仪放大倍率一般为 28 倍，故照准误差大约为±2.1″。在观测过程中，若观测员操作不正确或视差没有消除，都会产生较大的照准误差。因此，观测时应仔细地做好调焦和照准工作。

5. 读数误差

读数误差与读数设备、照明情况和观测员的经验有关，其中主要取决于读数设备。DJ6 型经纬仪一般只能估读到±6″，如照明条件不好，操作不熟练或读数不仔细，读数误差可能超过±6″。

三、外界条件影响

角度观测是在自然界中进行的，自然界中各种因素都会对观测的精度产生影响。例如，地面不坚实或刮风会使仪器不稳定；大气能见度的好坏和光线的强弱会影响照准和读数；温度变化使仪器各轴线几何关系发生变化等。要完全消除这些影响是不可能的，只能采取一些措施，如选择成像清晰、稳定的天气条件和时间段观测，观测中给仪器打伞避免阳光对仪器直接照射等，以减弱外界不利因素的影响。

四、角度观测注意事项

角度观测的注意事项如下：

（1）安置仪器要稳定，脚架应踩踏，对中整平应仔细，短边时应特别注意对中，在地形起伏较大的地区观测时，应严格整平。

（2）目标处的标杆应垂直，并根据目标的远近选择不同粗细的标杆。

（3）观测时应严格遵守各项操作规定。

（4）各项误差值应在规定的限差以内，超限必须重测。

第七节　电子经纬仪和激光经纬仪操作

一、电子经纬仪

1. 电子经纬仪的电子测角原理

电子测角就是将原来的角度值转换成数码，再在显示器上显示出来。目前所采用的测角方法因所用的电子元件不同而不同，大致有增量法、编码法和格区式几种。无论哪种方法，测角精度只能测出 1′ 的角度值，要得到更精确的角度数值，还得进行电子测微。

（1）光栅度盘测角原理。光栅是具有刻成条纹和间隔都相等且为 d 的光学器件，d 称为栅距。当两个光栅以 θ 角互相重叠时即产生一种称为“莫尔”的水花纹，莫尔条纹的宽度为 ω，且又称为纹距［图 6–21（a）］。当 d 一定时，ω 的宽度取决于 θ 角的大小，在设计时可以使 $\omega > \theta$；当两片光栅相对平移一个栅距 d 时，则莫尔条纹会在光栅移动的垂直方向上平移一个条纹宽度 ω。

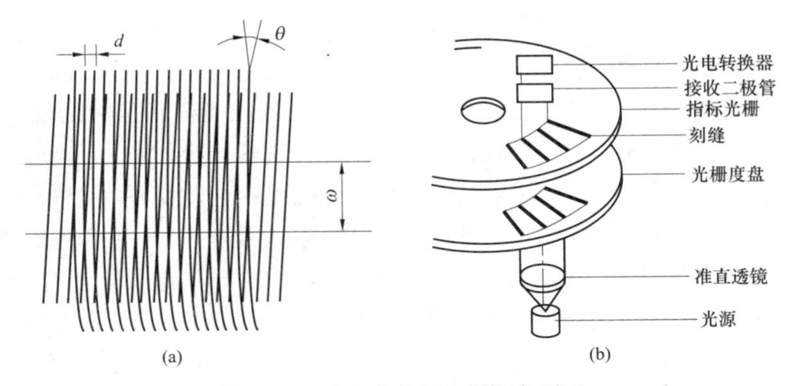

图 6–21　莫尔条纹及光栅测角原理

（a）莫尔条纹示意图；（b）光栅测角原理示意图

莫尔条纹有以下特点：

1）两光栅之间的倾角越小，纹距ω越宽，则相邻明条纹或暗条纹之间的距离越大。

2）在垂直于光栅的平面方向上，条纹亮度按正弦规律周期性变化。

3）当光栅在垂直于刻线的方向上移动时，条纹顺着刻线方向移动。

4）纹距ω与栅距d之间满足如下关系

$$\omega = d / \theta \times \rho'$$

式中　ρ'——3438′；

　　θ——两光栅之间的倾角。

例如，当θ=20'时，纹距=160d，即纹距比栅距放大了160倍。这样，就可以对纹距进一步细分，以达到提高测角精度的目的。

在直径的度盘上径向刻有光栅，如图6–21（b）所示。另外在读数指标也刻有同样栅距的光栅，称为指标光栅，如图6–21（b）所示。通过光学系统将两光栅重叠在一起，并使两个光栅略有偏心。当指标光栅随着望远镜转动时，使莫尔条纹在径向上移动。这种移动使得在某一点上接收到的莫尔条纹呈正弦曲线变化，它的一个周期即为一个莫尔条纹的宽度ω。

分析光栅转动一个栅距；则会有一个条纹宽度，在度盘下方有一个光源，通过准直透镜，射入度盘的径向光栅和指标光栅，由上部的光敏二极管接收，最后由光电转换器转换、放大、整形，再记数，就得到一个相应的角度值。光栅度盘的测角是在相对运动中读出角度的变化量，因此这种测角方式属于“增量法”测角。

（2）编码度盘测角原理。编码度盘类似于普通光学度盘的玻璃码盘，在此平面上分若干宽度相等同心圆环，而每一圆环又被刻成若干等长的透光区和不透光区，称为编码度盘的“码道”。每条码道代表一个二进制的数位，由里到外，位数由高到低（图 6–22）。在码道数目一定的条件下，整个编码度盘可以分成数目一定面积相等的扇形区，称为编码度盘的码区。处于同一码区内的各码道的透光区和不透光区的一列组成编码度盘的编码，这一区所显示的角度范围称为编码度盘的角度分辨率。

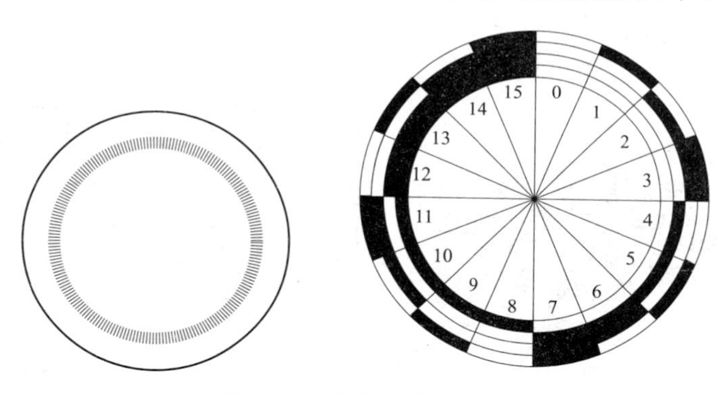

图 6–22　光栅和编码度盘

为了读取各码区的编码数，需要在编码度盘的码道一侧设置光源（通常为半导体二极管）。而在对应的码盘另一侧设置光电探测器（通常为光敏二极管），每一探测器对应一个光源。码盘上的发光二极管和光敏二极管组成测角的读定标志。把码盘上的透光和不透光，由光电二极管转换成电信号，以透光为“1”，不透光为“0”。这样码盘上的每一格就对应一个二进制，经过译码即成为十进制，从而能显示一个度盘上方位或角度值。因此，编码度盘的测角方式为“绝对法”测角。

（3）格区式度盘测角原理。将度盘分为 1024 个分划，每个分划间隔包括一个空隙和一条刻线（透光与不透光），其分划值为 φ_0，测角时度盘以一定速度旋转，所以称动态测角。度盘上装有两个指示光栏，L_S 为固定光栏，L_R 为可动光栏，可动光栏随照准部转动。两光栏分别安装在度盘的外缘。测角时可动光栏 L_R 随照准部旋转，L_S 和 L_R 之间构成一定的角度 φ。度盘在电动机的带动下以一定的速度旋转，其分划被光栏 L_S 和 L_R 扫描并计取两光栏之间的分划数，从而得到角度值。图 6–23 为格区式度盘测角原理图。

测量角度，首先要测出各方向的方向值，有了方向值，角度也就可以得到。方向值表现为 L_S 与 L_R 间的夹角 φ。

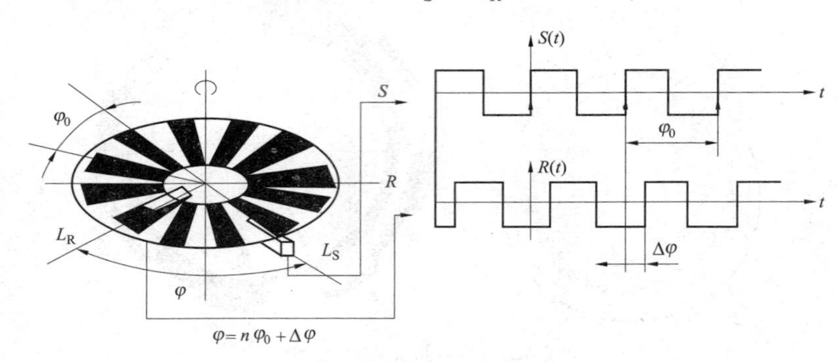

图 6–23　格区式度盘测角原理图

2. 电子经纬仪的特点

电子经纬仪（图 6–24）是集光学、机械、电子于一体的新型测量仪器。它的主要特点如下：

（1）采用电子测角的方法进行角度测量，其角度值在屏幕上用液晶显示，直接读数，免去光学经纬仪读数的过程，提高了读数精度。而且是盘左盘右两面均可读数，使用十分方便。度数的显示可达到 1″或 0.1″。

（2）角度的模式有普通角度制、密位制和新度制三种形式，可任意选择。密位制是一圆周等于 6400 密位，多用于军事上。新度制是一圆周等于 400 新度，一新度等于 100 新分，一新分等于 100 新秒，新度、新分、新秒记作“g”“c”“cc”，写在数字的右上角，如 361g86c32cc。水平度盘可以在任何位置“置 0”，度盘的刻度方向可以是顺时针，也可以是逆时针，对角度测量是“顺拨”或是“反拨”都比较方便。

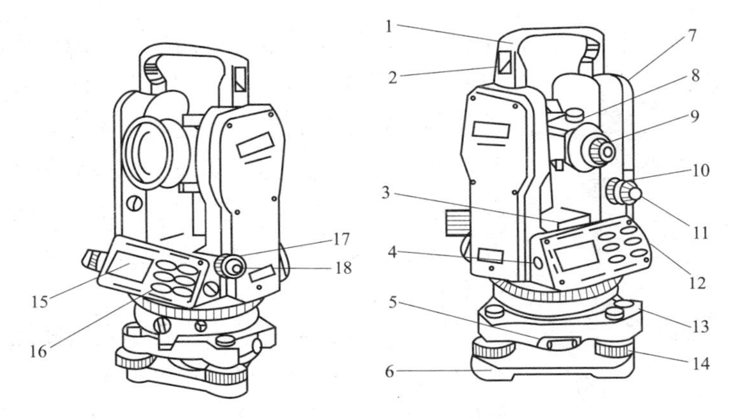

图 6–24　DJD2–2GJ 型激光电子经纬仪

1—提把；2—提把螺钉；3—长水准器；4—通信接口；5—基座固定钮；6—三脚架；
7—电池盒；8—激光器；9—目镜；10—垂直固定螺旋；11—垂直微动螺旋；
12—RS–232c；13—圆水准器；14—脚螺旋；15—显示器；16—操作键；
17—激光对中器；18—激光对中器开关

（3）竖直角的观测有自动补偿设备，可以使望远镜水平时的读数为“0”来观测竖直角，也可以使望远镜在垂直向上的读数为“0”来观测天顶距。天顶距是在垂直面内，以垂线的上端（天顶）为准，向下至一条直线所构成的夹角。竖直角可以是以角度的形式或以百分数的坡度形式显示。

（4）竖轴在 x、y 两个方向有补偿装置，如果竖轴稍有倾斜，仪器可自动进行纠正。

（5）有的电子经纬仪安装有激光发生器，在需要时可发出一束与视准轴同轴的红色可见激光，便于夜间或隧道内进行观测，并用一束激光代替光学对中器，使对中更加准确方便。

二、激光经纬仪

激光经纬仪（图 6–25）是在普通光学经纬仪上安装氦氖激光发生器，并通过一套棱镜组和聚光透镜转向与聚焦后从望远镜

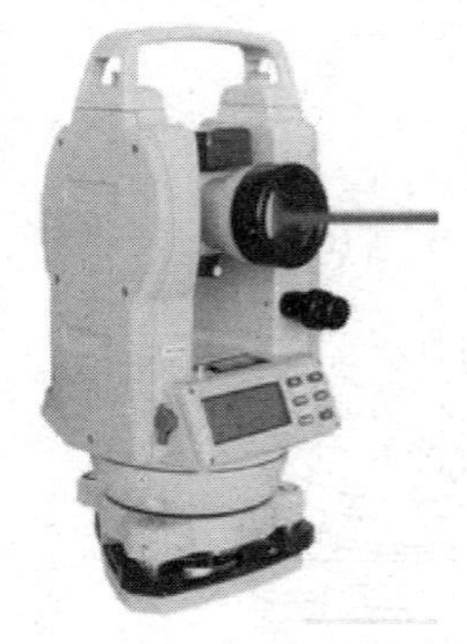

图 6–25　激光经纬仪

发射出去，形成一束可见的红光。激光束与望远镜的视准轴是同轴且同焦距，即十字丝瞄准某一点位看到点子清楚时，激光束也是照准该点而激光斑也达到最小最亮。激光电源是用一个电池盒，它安装在望远镜的上方，盒内装 4 节五号碱性电池，可供连续工作 12h 左右。

经验指导：激光经纬仪用于夜间和地下观测。激光束白天在 200m 内可见，夜晚在 500～800m 可见。激光斑最大时直径为 5mm。

激光经纬仪的检验校正与光学经纬仪相同，但它多一项激光束与视准轴的校正。如果激光束与视准轴不同轴，在电池盒的下方有 4 颗校正螺钉，前后左右校正这 4 颗螺钉，即可将激光束校正至与视准轴同轴。

第七章

必备技能之施工测量基本方法

第一节　距离、角度、高程的基本测量方法

一、测设已知水平距离

测设已知水平距离，就是从给定的起点上、沿着给定的方向、按照给定的长度数值测设出终点位置的一项测量工作。它与测定两点间水平距离的方法要求是一致的，只是在操作的具体步骤上有所不同。测设已知水平距离可以分为以下两种作业方法。

1. 先量距、后调整

先量距、后调整的框图如图 7–1 所示。

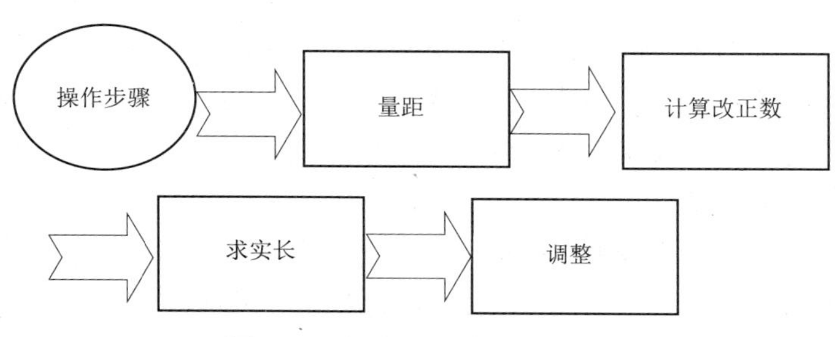

图 7–1　先量距、后调整的框图

（1）量距。按照距离测试的方法，从指定的起点按给定的方向量出给定的长度，定出终点的初步位置。此时，这段距离名义

上为 D'=已知水平距离。

（2）计算改正数。根据现场的实际情况，计算尺长、温度、倾斜等相关改正数。各项改正数总和为 $v=v_1+v_t+v_h$

量距时，如果地面坡度均匀，可以直接沿倾斜地面进行丈量，这时需要计算倾斜改正数；如果地面坡度不均匀、但坡度较小，可以采用将尺身抬平的方式进行丈量，此时无须计算倾斜改正数；如果地面坡度不均匀且坡度较大时，可以先在地面按照大致接近但不大于一个整尺段的位置钉设木桩，并用水准仪测量相邻桩顶的高差，然后分段测量距离，分段计算改正数，尤其是倾斜改正数。

（3）求实长。通过加入改正数，求得起点和终点之间的实际长度 $D=D'+v$。

（4）调整。用实际长度与已知的水平距离进行比较，如果不等，则要对终点的位置进行调整。调整时，如果实际长度比已知水平距离数值大（即改正数 v 为正）时，终点向起点方向进行调整，反之终点背向起点方向进行调整，调整的距离就是改正数 v 的绝对值。

2. 先改正、后量距

（1）计算改正数。根据已知水平距离（作为丈量距离之后的实际水平距离 D），结合现场实际情况，计算尺长、温度、倾斜等相关改正数。各项改正数总和为 $v=v_1+v_t+v_h$。

（2）计算应量名义长度。应量名义长度 $D=D'-v$。

（3）实地量距。

按应量名义长度 D' 在现场进行量距，即从指定的起点、按给定的方向量出距离 D'，定出终点位置。此时，起点与终点之间的实际水平距离恰好是已知水平距离 D。

例如，今欲在现场测设一段距离，长度为 115.000mm，已知现场地面坡度均匀，i=4.3%。测量者使用的钢尺在标准条件下长度为 30m+0.003m。

下面分别采用两种方法进行操作。

（1）依照先量后调的方法。

解：

1） 首先在现场用钢尺和测钎配合，从起点沿给定方向在倾斜地面上量得三个整尺段 3×30m 和一个零尺段 25m，合计 115m。量距时采用标准拉力，现场的温度为 30℃。

2） 计算各项改正数，求取实际距离。

尺长改正数 $$v_l=\frac{l_{实长}-l_{名义长}}{l_{名义长}}\times D'=\frac{0.003}{30}\times 115=+0.0115\text{（m）}$$

温度改正数 $$v_t=\alpha\times(t-t_0)\times D'=0.000\,012\times(30-20)\times 115=+0.0138\text{（m）}$$

倾斜改正数 $$v_h=-\frac{h^2}{2D'}=-\frac{(i\times D')^2}{2D'}=-\frac{(0.043\times 115)^2}{2\times 115}=-0.1063\text{（m）}$$

实际距离 $$D=D'+v_l+v_t+v_h=115+0.0115+0.0138-0.1063=114.919\text{（m）}$$

3） 调整重点位置。根据实际长度可知，所测设的距离比设计要求短了 0.081m，因此需要将重点位置向延长方向移动 0.081m，并做好标识，完成测设。

（2）依照先改后量的方法。

解：

1） 根据钢尺、现场地面坡度、温度等因素，首先计算相关改正数。各项改正数计算结果同上。

2） 计算应量长度。

$$D'=D-(v_l+v_t+v_h)=115-(0.0115+0.0138-0.1063)=115.081\text{（m）}$$

3） 计算完成后立即在现场从起点沿着给定方向及倾斜地面量取应量长度，定出终点标志，完成测设。

二、测设已知水平角

测设已知水平角，就是在制定的角顶点上、以给定的方向为起始方向、按照给定的水平角值测设出终点方向的一项测量工作。测设水平角有经纬仪测设和钢尺测设的不同测法，以下分别进行介绍。

1. 光学经纬仪测设水平角

（1）如图 7–2 所示，欲在 O 点测设与 OA 直线形成顺时针夹角β_1的方向 OB，设β_1=38°35′31″，测法如下。

1） 在 O 点安置经纬仪，以盘左位置照准后视点 A，使度盘读数为 0°00′00″，扳下离合器后照准 A 点，再扳上离合器。

2） 顺时针旋转照准部，当度盘读数为 38°35′31″时，在视线方向上作出标志 B_1。

3） 为了消除仪器误差、校核观测成果、提高测设精度，再以盘右位置照准 A 点，使度盘读数为 180°00′00″，顺时针旋转照准部至读数为 218°36′30″时，在视线方向上作出标志 B_2。

4） 当 B_1、B_2 误差在允许范围以内时，取其中点位置 B，则 OB 即为欲测设方向。

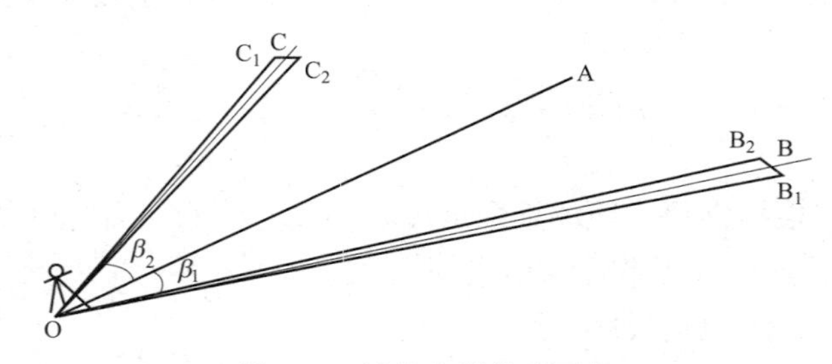

图 7–2　经纬仪测设水平角

（2）在图 7–2 中，欲在 O 点测设与 OA 支线形成逆时针夹角β_2的方向 OC，设β_2=33°33′33″，测设如下。

1） 在 O 点安置经纬仪，以盘左位置照准后视点 A，使度盘读数为 33°33′33″，扳下离合器后照准 A 点，再扳上离合器。

2）顺时针旋转照准部，当度盘读数为 0°00′00″时，在视线方向上作出标志 C_1。

3）为了消除仪器误差、校核观测成果、提高测设精度，再以盘右位置照准 A 点，使度盘读数为 233°33′33″，顺时针旋转照准部至读数为 180°00′00″时，在视线方向上作出标志 C_2。

4）当 C_1、C_2 误差在允许范围以内时，取其中点位置 C，则 OC 即为欲测设方向。

2. 钢尺测设水平角

当没有经纬仪可以用来进行测设水平角，而只有钢尺可以使用的情况下，可以利用钢尺来测设水平角。

（1）测设直角。如图 7–3 所示，欲测设与 AB 直线成 90° 的方向 BC。

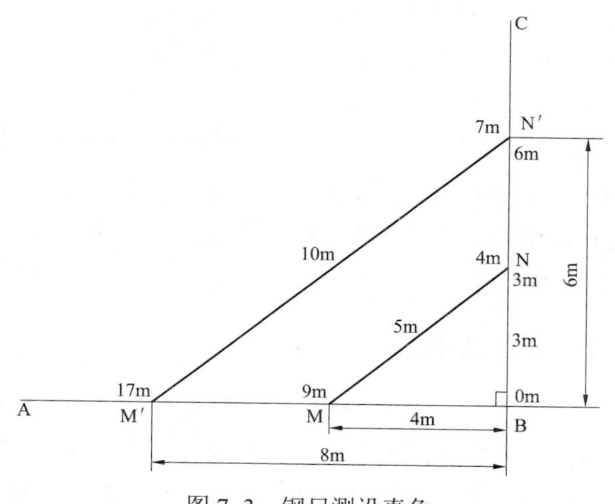

图 7–3 钢尺测设直角

用钢尺由 B 点向 A 点方向量取 4m 定出 M 点，然后将钢尺零点对准 B 点，9m 刻画线对准 M 点，使 3m 与 4m 刻画线对齐，拉紧钢尺得到 N 点，则角∠MBN=90°。BN 方向即所要测设的

BC 方向，可延长 BN，在适当位置定出 C 点。

在这里，利用了直角三角形勾股的关系，即 BM=4m，BN=3m，NM=5m，所以这种测法也成为 3—4—5 法。当场地条件允许时，在保持比例 3:4:5 不变的情况下，应尽量选用较大的尺寸，如取 6m、8m、10m 或 9m、12m、15m 等。量距时，三边要同用钢尺有刻画线的一侧，且三边在同一水平面内，拉力一致。

（2）测设任意角。如图 7–4 所示，欲测设与 AB 支线成任意角度β的方向 BC。

取 AB=BC=d，β角所对的边为欲求边 x。在△ABC 中，因为 AB=BC，所以∠A=∠C。过 B 点作 AC 边的垂线，则垂线将△ABC 分成了两个全等的直角三角形。在直角三角形中，有 $\sin(\beta/2)=(x/2)/d$，所以 $x=2d\times\sin(\beta/2)$

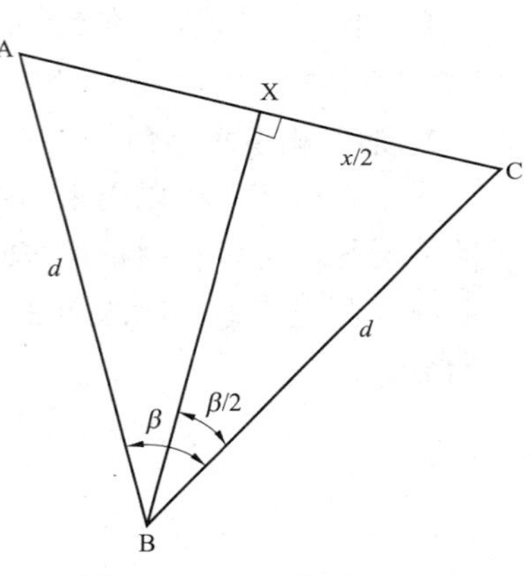

图 7–4　钢尺测设任意角

在实际作业中，为了计算和测设方便，一般取 d=10m。由此得出结论：欲测设任意角度β，可取三边比例为 10:10:x，计算出 x 便可以测设出β角。

三、测设已知高程

测设已知高程，是根据已有的水准点位置及高程数据、利用水准测量的方法将事先设计好高程数值的点位在实地测设出来的一项测量工作。类似于水准测量测定点的高程，测设已知高程的方法也分为视线高法和高差法两种。

某建筑物的首层室内地坪（即±0.000）设计高程为 44.300m，已知水准点 BM1 高程为 44.753m。现要在木桩侧面测设出 44.300m 的水平线，以作为施工过程中控制高程的依据，具体测设方法如下。

1. 视线高法

（1）在水准点 BM1 上竖立水准尺，在水准点和欲测设点中间安置水准仪，读取后视读数 a=1.675m，然后求出视线高。

$$H_i=H_{BM1}+a=44.753+1.675=46.428\text{（m）}$$

（2）根据视线高和设计高程计算应读前视读数

$$b_{应}=H_i-H_{设}=46.428-44.300=2.128\text{（m）}$$

（3）将水准尺贴紧木桩侧面竖立并进行上下移动，当水准仪视线（十字丝交点）恰好对准尺上 2.128m 时，沿尺底在木桩侧面画水平线，其高程即为 44.300m（首层室内地坪±0.000 的设计高程）。

2. 高差法

高差法测设已知高程主要是采用一根木杆来代替水准尺。

（1）在 BM1 上竖立木杆，在水准点和欲测设点中间安置水准仪，依据水准仪视线在木杆上画一点（或一水平线）a。

（2）计算 $h=H_{设}-H_{BM1}=44.300-44.753=-0.453$（m），在木杆上由 a 起量取高差的绝对值画出标志点（或水平线）b。当 h 为正时向下量、h 为负时向上量，本例中高差为–0.453m，因此向上量取，即 b 在 a 之上。

（3）将木杆移至欲测设点处，保持木杆原来的上下状态，贴紧视线钉设的木桩侧面竖立并上下移动，当杆上 b 点与仪器水平线恰好重合时，沿木杆底在木桩侧面画水平线，其高程即为 44.300m。

高差法适用于安置一次仪器同时测设若干相同高程点的情况，如抄龙门板±0.000 线、抄 50cm 水平线等。

第二节　坡度与导线的基本测量方法

一、水准仪测设

水准仪测设如图 7–5 所示。

图 7–5　水准仪测设标高

坡度较小时，利用水准仪进行测设的操作方法如下：

（1）将水准仪安置于 B 点，使其中一个脚螺旋处在 AB 方向线上，另两个脚螺旋的连线垂直于 BA 方向线，量取仪器高 b。

（2）旋转处在方向线上的那个脚螺旋，使通过望远镜视线在 A 点立尺上的读数正好等于仪器高 b，此时的水准仪视线倾斜，且恰好与坡度线平行。

（3）在 BA 方向上各坡度线标志点处钉入木桩 1，2，3，…，然后分别在 1，2，3，…各木桩侧面贴紧竖立水准尺并上下移动，当视线在水准尺上的读数恰好为 b 时，沿尺底在木桩侧面画线，此即为坡度线位置。

二、经纬仪测设

坡度较大时，利用经纬仪进行测设（图 7–6）的操作方法：

将经纬仪安置于 B 点，量取仪器高 b，纵转望远镜使视线在 A 点立尺上的读数正好等于仪器高 b，此时经纬仪视线恰好与坡度线平行；在 BA 方向上各坡度线标志点处钉入木桩 1，2，3，…，然后分别在 1，2，3，…各木桩侧面贴紧竖立水准尺并上下移动，当视线在水准尺上的读数恰好为 b 时，沿尺底在木桩侧面画线，

图 7–6　经纬仪测设

此即为坡度线位置。

利用经纬仪测设坡度线的方法，也可以在坡度较小的情况下使用。

测设指定的坡度线，在渠道、道路的建筑、敷设上、下水管道及排水沟等工程上应用较广泛。在工程施工之前往往需要按照设计坡度在实地测设一定密度的坡度标志点（设计的高程点）连成坡度线，作为施工的依据。

三、水平视线法和倾斜视线法

1. 水平视线法

如图 7–7 所示，A、B 为设计的坡度线的两端点，其设计高程分别为 H_A、H_B，AB 设计坡度为 i，为施工方便，要在 AB 方向上，每隔一定距离 d 定一个木桩，要在木桩上标定出坡度线。此法利用水准仪进行测设。

施测方法如下：

（1）沿 AB 方向，用钢尺定出间距为 d 的中间点 1、2、3 位置，并打下木桩。

（2）计算各桩点的设计高程 H：

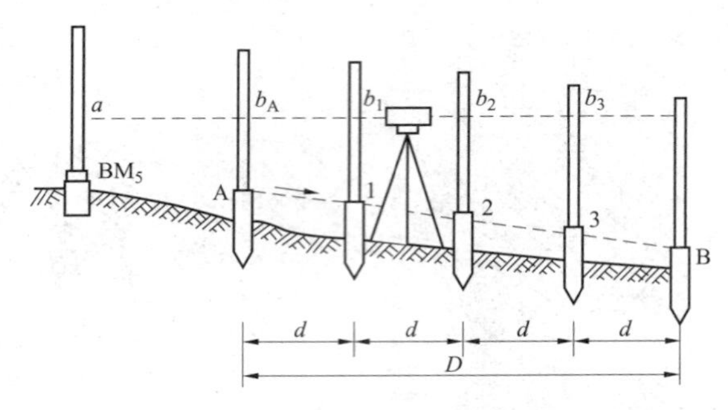

图 7–7　视线水平放坡图

$$H_1=H_A+i\times d$$
$$H_2=H_1+i\times d$$
$$H_3=H_2+i\times d$$
$$H_B=H_3+i\times d$$

作为校核有：$H_B=H_A+i\times d$

坡度 i 有正负之分（上坡为正，下坡为负），计算设计高程时，坡度应该连同符号一起计算。

（3）在水准点的附近安置水准仪，后视读数 a，利用视线高计算各点的正确读数。

（4）将水准尺分别靠在各木桩的侧面，上下移动水准尺，直至水准尺读数为计算的正确读数时，便可以沿水准尺底面画一条横线，各横线连线即为 AB 设计坡度线。

2. 倾斜视线法

如图 7–8 所示，A、B 为坡度线的两端点，其水平距离为 D，A 点的高程为 H_A，要沿 AB 方向测设一条坡度为 i 的坡度线，则先根据 A 点的高程、坡度 i 及 A、B 两点间的水平距离计算出 B 点的设计高程，再按测设已知高程的方法，将 A、B 两点的高程测设在地面的木桩上。

将经纬仪安置在 A 点，量取仪器高 j，望远镜照准 B 点水准尺读数为 j，制定经纬仪的水平制动螺旋和望远镜的制动螺旋，此

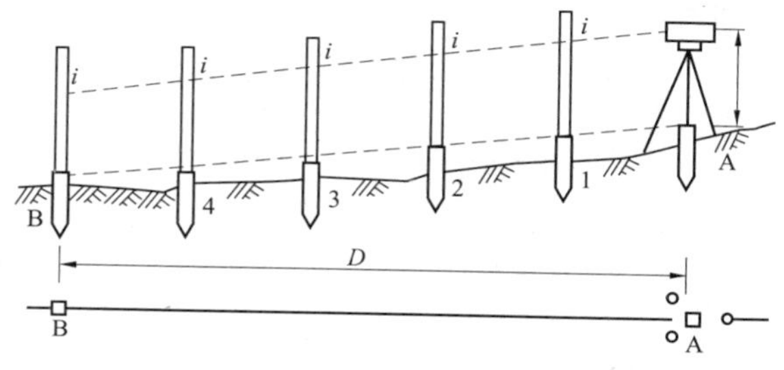

图 7–8　视线倾斜放坡法

时，仪器的视线与设计坡度线平行。在 AB 方向的中间各点 1、2、3…的木桩侧面立尺，上、下移动水准尺，直至尺上读数等于仪器高 j 时，沿尺子地面在木桩上画一红线，则各桩红线的连线就是设计坡度线。

地物平面位置的放样，就是在实地测设出地物各特征点的平面位置，作为施工的依据。

第三节　平面点位测设的方法

一、直角坐标法

直角坐标法是通过在相互垂直的两个方向上测设距离来定出点位的一种点位测设方法，它是测设距离和测设直角相互结合的操作方法。

在施工现场已经具有矩形控制网或相互垂直的控制主轴线，且要测设的建筑物与这些轴线恰好又构成垂直或平行的关系时，可以采用直角坐标法进行点位测设。

如图 7–9 所示，欲根据平行于建筑物的 Y 轴将 M、N、P、Q 各点测设到地面上，可先计算出各点与 O 点的纵、横坐标增量，然后再据此测设各点。

具体步骤是：

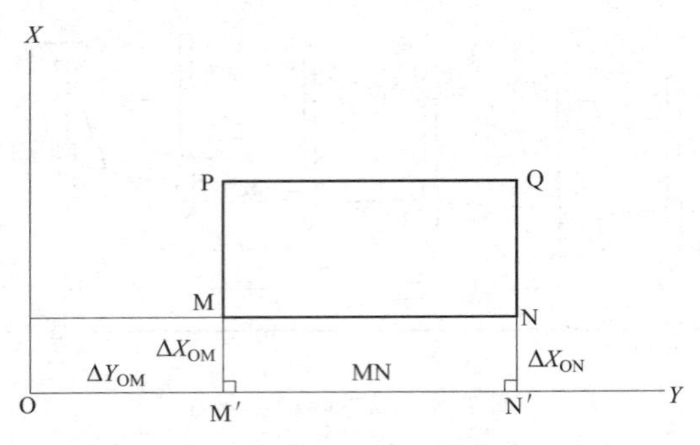

图 7–9　直角坐标法测设定位

（1）计算 M、N、P、Q 各点与 O 点的坐标增量

$$\Delta X_{OM}=X_M-X_O=\Delta X_{ON}$$
$$\Delta Y_{OM}=Y_M-Y_O=\Delta Y_{OP}$$
$$\Delta X_{OP}=X_P-X_O=\Delta X_{OQ}$$
$$\Delta Y_{ON}=Y_N-Y_O=\Delta Y_{OQ}$$

各点的已知坐标或设计坐标列于表 7–1 中，它们的测设数据可参照表 7–2 形式予以计算和列出。

表 7–1　　控制点及测设点的坐标

点名	已知或设计坐标值/m		备注
	X	Y	
O	3000	5000	控制点
M	3020	5045	测设点
N	3020	5120	
P	3060	5045	
Q	3060	5120	

表 7–2　　直角坐标法测设数据计算列表

相对原点	测设点位	ΔX/m	ΔY/m	备注
O	M	20	45	
	N	20	120	

续表

相对原点	测设点位	ΔX/m	ΔY/m	备注
O	P	60	45	
	Q	60	120	

（2）将经纬仪安置在 O 点进行对中和整平，后视 OY 方向，并指挥沿此方向测设距离ΔY_{OM}=45m，定出 M′ 点；测设距离ΔY_{ON}=120m（或从 M′ 点起测设距离 MN=75m），定出 N' 点。

（3）将经纬仪迁至 M′ 点安置，以 Y 方向作为后视翻转 90°（逆时针测设直角），在此方向上测设距离ΔX_{om}=20m，定出 M 点；测设距离ΔX_{op}=60m（或从 M 点起测设距离 MP=40m），定出 P 点。

（4）再将经纬仪迁至 N′ 点安置，以 O 点为后视旋转 90°，在此方向上测设距离ΔX_{on}=20m，定出 N 点；测设距离ΔX_{oq}=60m（或从 N 点起测设距离 NQ=40m），定出 Q 点。

（5）进行校核。实测 MN=PQ=75m（对边相等）、MQ=NP（对角线相等）。在测设时应当注意，尽量以长边作为后视测设短边，这样误差可以小些。

二、极坐标法

极坐标法是根据测设数据从某一起始方向开始测设水平角度获得点位所在的方向，并沿这个方向测设距离而得到点位的一种测设方法，是将测设水平角度和测设水平距离两项操作相互结合的操作方法。可以说，每一个点对应着一个角度和一段距离。

在建筑物与控制轴线的关系比较任意（既不平行也不垂直）的情况下，宜采用极坐标法进行点位的测设。

如图 7–10 所示，A、B 为坐标已知的控制点，P、Q、R、S 为已知设计坐标值的欲测设建筑物点位，各点坐标列于表 7–3 中。

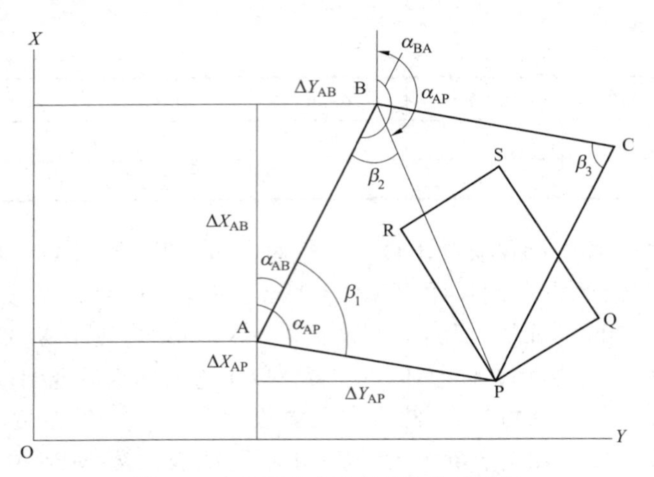

图 7–10　角度交会法测设定位示意图

表 7–3　　控制点及测设点的坐标

点名	已知或设计坐标值/m		备注
	X	Y	
A	3020.00	5050.00	控制点
B	3070.00	5075.00	
P	3012.00	5110.00	测设点
Q	3024.50	5131.65	
R	3046.64	5090.00	
S	3059.14	5111.65	

这里以测设其中的 P 点为例，说明极坐标法测设的方法及步骤。

首先根据 A、B、P 各点坐标计算测设元素夹角β和边长 D_{AP}。计算方法如下：

（1）反算各边方位角。根据 A、B、P 各点坐标，求出坐标增量

$$\Delta X_{AB}=X_B-X_A$$

$$\Delta Y_{AB}=Y_B-Y_A$$
$$\Delta X_{AP}=X_P-X_A$$
$$\Delta Y_{AP}=Y_P-Y_A$$

根据反正切函数定义，求出坐标方位角

$$\alpha_{AB}=\arctan(\Delta X_{AB}/\Delta Y_{AB})$$
$$\alpha_{AP}=\arctan(\Delta Y_{AP}/\Delta X_{AP})$$

（2）计算夹角。由 AB、AP 两边的坐标方位角计算夹角

$$\beta=\alpha_{AP}-\alpha_{AB}$$

（3）计算边长。依据勾股定理，计算边长

$$D_{AP}=\sqrt{\Delta X_{AP}^2+\Delta Y_{AP}^2}$$

三、角度交会法

角度交会法也称为方向交会法，是利用经纬仪同时测设出两个或两个以上已知角度的终边方向，通过这些方向相互交会而定出点位的一种测设方法。

如图 7–10 所示，A、B 为坐标已知的控制点，P、Q、R、S 为已知设计坐标的欲测设建筑物点位。按照与极坐标法中所介绍的相同方法可以计算出有关夹角β。以测设 P 点为例，在 A、B 两点上各安置一台经纬仪，分别测设水平角β_1=70°30′46″、β_2=55°40′26″，得出 P 点所在的方向；再由一名测量员手持花杆或测钎服从 A、B 两点上观测员的指挥，前后、左右移动，直至满足同时位于两台经纬仪的视线上，即交会出 P 点的位置。如果现场具有第三个已知控制点，还可以在这一点上安置经纬仪，测设夹角β_3，对 P 点的位置进行校测。

第 八 章

必备技能之建筑工程施工测量

第一节　场 地 平 整 测 量

一、方格网法计算土石方量

1. 设计面为水平面时的场地平整

图 8–1 为 1:1000 比例尺的地形图，面积为 40m×40m，现要平整成某一设计高程的水平场地并满足挖、填方量基本平衡的原则。因此，平整场地的关键问题是要在满足平整原则的前提下求出水平场地的设计高程，放出挖、填边界线及各点的挖、填高度，

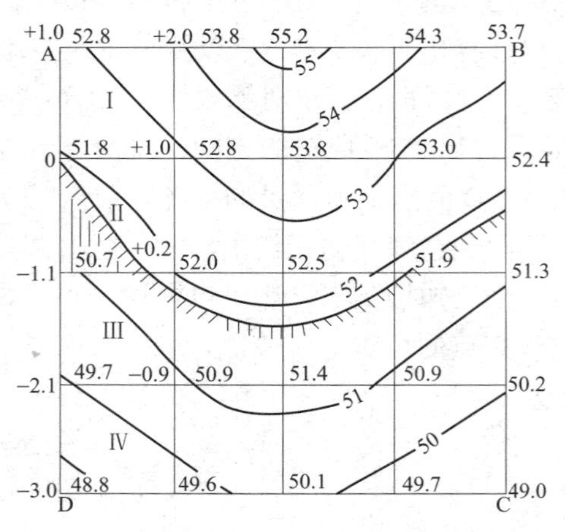

图 8–1　涉及面为水平面时的平整场地

具体步骤如下。

（1）在地形图拟建场地内绘制方格网。方格网的边长取决于地形的复杂程度和土石方计算的精度，一般以 10m 或 20m 为宜。当采用机械施工时，可取 40m 或 100m，绘完方格后，进行排序编号。

（2）计算设计高程。根据地形图上的等高线，用内插的方法求出每个方格的地面高程，填写在每个方格的右上方。设计高程是指满足填挖方量基本平衡时的高程，可利用求加权平均值的方法计算设计高程，其一般计算公式为

$$H_{设} = \sum P_i \times H_i / \sum P_i$$

其中，$H_{设}$ 为水平场地的设计高程；H_i 为方格点的地面高程；P_i 为方格点 i 的权。可根据方格点的位置在 1、2、3、4 中取值。

（3）绘制填、挖边界线。在地形图上根据等高线内插处高程为设计高程（51.8m）的曲线，这条曲线即为填、挖边界线（图 8–1 中带有断线的曲线），断线指向填方方向。

（4）计算填、挖高度。各方格点的填、挖高度为该点的地面高程与设计高程之差，即

$$h_i = H_i - H_{设}$$

其中，h_i 为正表示挖方；h_i 为负表示填方。将计算的数字注记在方格网点上的左上方。

（5）计算填、挖土石方工程量。挖（填）土石方工程量要分别计算，不得正负抵消。计算方法为

挖（填）方体积=挖（填）平均高度×挖（填）对应面积

将全部方格的挖、填方量都计算出来后，按挖、填方量分别求和，即得总的挖、填土石方量。

2. 设计面为倾斜面时的场地平整

同上例，根据地貌的自然坡降，平整从北到南、坡度为 8% 的倾斜场地，且要保证挖、填工程基本平衡。

（1）绘制方格网。与设计面为水平面时的场地平整绘制方格网方法相同。

（2）计算设计高程。根据立体几何原理：若以重心点高程为设计高程（平均高程），则无论是平整成水平场地或倾斜场地，填、挖方量总是平衡的。因此，应首先确定重心点，再求出其高程作为设计高程。对于对称图形，重心点为图形中心。所以，仍可按水平场地中求设计高程的方法，求出场地重心的设计高程为51.8m。

（3）确定倾斜面最高点格网线和最低点格网线的设计高程。如图 8–2 所示，按设计要求，AB 为场地的最高边线，CD 为场地的最低边线。已知 AD 边长为 40m，则最高边线与最低边线的设计高差为

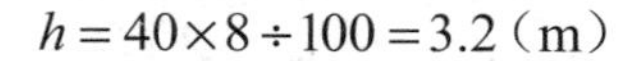

$$h = 40 \times 8 \div 100 = 3.2（m）$$

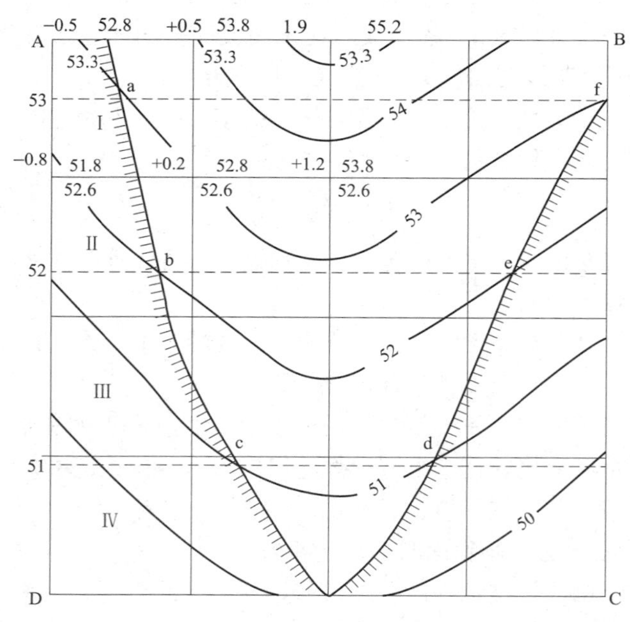

图 8–2　设计面为倾斜面时的场地平整

由于场地重心（图形中心）的设计高程为51. 8m，所以，倾斜场地最高点和最低点的设计高程分别为

$$H_A = H_B = 51.8 + 3.2 \div 2 = 53.4\text{（m）}$$

$$H_C = H_D = 51.8 - 3.2 \div 2 = 50.2\text{（m）}$$

（4）确定填、挖边界线。沿 AD、BC 边线，根据最高边线（或最低边线）的设计高程内插出 51m、52m、53m 的平行等高线（图中虚线）；这些虚线即为8%倾斜场地上的设计等高线。设计等高线与实际等高线交点（图中 a、b、c、d、e、f 等）的连线即为填、挖边界线（绘有短线的曲线）。

（5）确定方格网点的填、挖高度。将实际等高线内插的方格点高程注记在方格右上方，根据设计等高线内插出的高程注记在方格右下方；用地面高程减去设计高程（为填、挖高度）注记在方格点的左上方。

（6）计算填、挖土石方工程量。同水平场地部分。

二、断面法计算土方量

1. 土石方量的基本计算公式

平均断面法：A_1、A_2分别为两相邻断面的横断面面积（m^2）；L 为两相邻断面的间距（m），即两相邻断面的桩号里程之差；V 为两相邻断面间的土石方量（m^3）。土石方量计算公式为

$$V = 1/3(A_1 + A_2)L(1 + \sqrt{m/1} + m)$$

式中：$m=A_1/A_2$，其中 $A_2>A_1$。

当 $A_1=A_2$ 时，$V=(A_1+A_2)L$；若 $A_1=0$ 时，$V=1/3A_2\times L$。由此可知，平均断面法的计算结果是偏大的。

2. 断面面积计算

断面面积的计算方法常有：积距法和坐标法。

坐标法计算面积精度较高，计算过程较为烦琐，宜采用计算机计算。

第二节　建筑物的定位和放线

一、建筑物的定位

定位放线是根据设计给定的定位依据和定位条件或者据此建立的场地平面控制网将设计图纸上的建筑物或构筑物按照设计要求在施工场地上确定出实地位置，并加以标志的一项测量工作。它是确定建筑物平面位置的关键环节，是指导施工、确保工程位置符合设计要求的基本保证。

1. 建筑定位的基本方法

建筑四周外廓主要轴线的交点决定了建筑在地面上的位置，称为定位点，或角点。建筑的定位是根据设计条件，将定位点测设到地面上，作为细部轴线放线和基础放线的依据。由于设计条件和现场条件不同，建筑的定位方法也有所不同，以下为三种常见的定位方法。

（1）根据控制点定位：如果待定位建筑的定位点设计坐标已知，且附近有高级控制点可供利用，可根据实际情况选用极坐标法、角度交会法或距离交会法来测设定位点。在这三种方法中，极坐标法是用得最多的一种定位方法。

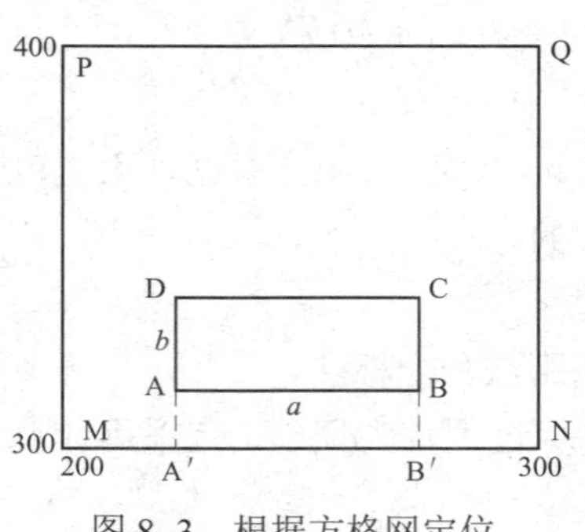

图 8–3　根据方格网定位

（2）根据建筑方格网和建筑基线定位：如果待定位建筑的定位点设计坐标已知，并且建筑场地已设有建筑方格网或建筑基线，可利用直角坐标系法测设定位点。过程如下：

1）根据坐标值可计算出建筑的长度、宽度和放样所需的数据。如图 8–3 所示，M、N、P、

Q 是建筑方格网的 4 个点，坐标位于图上，ABCD 是新建筑的 4 个交点，坐标为：

A（316.00，226.00），B（316.00，268.24）

C（328.24，268.24），D（328.24，226.00）

很容易计算得到新建筑的长宽尺寸：

a=268.24–226.00=42.24（m）；b=328.24–316.00=12.24（m）

2） 按照直角坐标法的水平距离和角度测设的方法进行定位轴线交点的测设，得到 A、B、C、D4 个交点。

3） 检查调整：实际测量新建筑的长宽与计算所得进行比较，满足边长误差≤1/2000，测量 4 个内角与 90° 比较，满足角度误差≤±40″。

（3）根据与原有建筑和道路的关系定位：如果设计图上只给出新建筑与附近原有建筑或道路的相互关系，而没有提供建筑定位点的坐标，周围又没有测量控制点、建筑方格网和建筑基线可供利用，可根据原有建筑的边线或道路中心线将新建筑的定位点测设出来。

测设的基本方法如下：

在现场先找出原有建筑的边线或道路中心线，再用全站仪或经纬仪和钢尺将其延长、平移、旋转或相交，得到新建筑的一条定位直线，然后根据这条定位轴线，测设新建筑的定位点。

根据与原有建筑的关系定位：如图 8–4 所示，拟建建筑的外墙边线与原有建筑的外墙边线在同一条直线上，两栋建筑的间距为 10m，拟建建筑四周长轴为 40m，短轴为 18m，轴线与外墙边线间距为 0.12m，可按下述方法测设其 4 个轴线的交点。

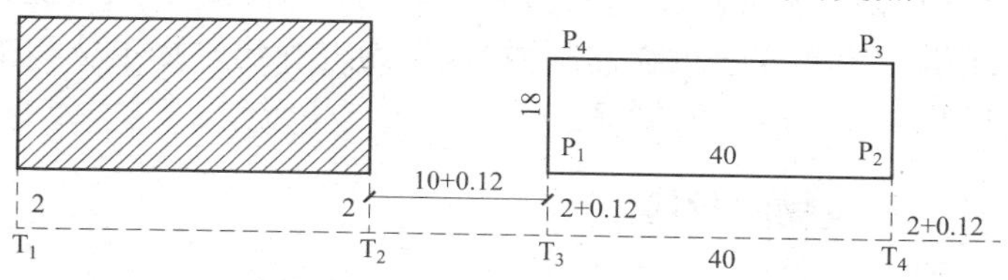

图 8–4　根据与原有建筑的关系定位

定位步骤如下：

1）沿原有建筑的两侧外墙拉线，用钢尺顺线从墙角往外量一段较短的距离（这里设为2m），在地面上定出T_1和T_2两个点，T_1和T_2的连线即为原有建筑的平行线。

2）在T_1点安置经纬仪，照准T_2点，用钢尺从T_2点沿视线方向量取10m+ 0.12m，在地面上定出T_3点，再从T_3点沿视线方向量取40m，在地面上定出T_4点，T_3和T_4的连线即为拟建建筑的平行线，其长度等于长轴尺寸。

3）在T_3点安置经纬仪，照准T_4点，逆时针测设90°，在视线方向上量2m+0.12m，在地面上定出P_1点，再从P_1点沿视线方向量取18m，在地面上定出P_4点。同理，在T_4点安置经纬仪，照准T_3点，顺时针测设90°，在视线方向上量取2m+0.12m，在地面上定出P_4点，再从P_2点沿视线方向量取18m，在地面上定出P_3点。则P_1、P_2、P_3和P_4点即为拟建建筑的4个定位轴线点。

4）在P_1、P_2、P_3和P_4点上安置经纬仪，检核4个大角是否为90°，用钢尺丈量4条轴线的长度，检核长轴是否为40m，短轴是否为18m；需要边长误差≤1/2000，角度误差≤±40″。

2. 定位标志桩的设置

依照上述定位方法进行定位的结果是测定出建筑物的四廓大角桩，进而根据轴线间距尺寸沿四廓轴线测定出各细部轴线桩。但施工中要开挖基槽或基坑，必然会把这些桩点破坏掉。为了保证挖槽后能够迅速、准确地恢复这些桩位，一般采取先测设建筑物四廓各大角的控制桩，即在建筑物基坑外1～5m处，测设与建筑物四廓平行的建筑物控制桩（俗称保险桩，包括角桩、细部轴线引桩等构成建筑物控制网），作为进行建筑物定位和基坑开挖后开展基础放线的依据。

二、建筑物的放线

建筑物四廓和各细部轴线测定后，即可根据基础图及土方施工方案用内灰撒出灰线（图 8–5），作为开挖土方的依据。

图 8–5　基础撒灰线

放线工作完成后要进行自检，自检合格后应提请有关技术部门和监理单位进行验线。验线时首先检查定位依据桩有无变动及定位条件的几何尺寸是否正确，然后检查建筑物四廓尺寸和轴线间距，这是保证建筑物定位和自身尺寸正确性的重要措施。

对于沿建筑红线兴建的建筑物在放线并自检以后，除了提请有关技术部门和监理单位进行验线以外，还要由城市规划部门验线，合格后方可破土动工，以防新建建筑物压红线或超越红线的情况发生。

第三节　建筑基础施工测量

一、基槽开挖的深度控制

1. 设置水平桩

为了控制基槽开挖深度，当基槽挖到接近槽底设计高程时，应在槽壁上测设一个水平桩（图 8–6），使水平桩的上表面离槽底设计高程为某一整分米数，用以控制挖槽深度，也可作为槽底清理和打基础垫层时标高控制的依据。

图 8–6　水平桩

2. 水平桩的测设方法

一般在基槽各拐角处、深度变化处和基槽壁上每个 3～4m 左右测设一个水平桩，然后拉上白线，线下 500mm 即为槽底设计标高。

测设水平桩时，以画在龙门板或周围固定地物的±0.000m 标高线为已知高程点，用水准仪测设，水平桩上的高程误差应控制在±10mm 以内。

3. 基础垫层的标高测设

垫层标高的测设可以以水平桩为依据在槽壁上弹线，也可在槽底打入垂直桩，使桩顶标高等于垫层面的标高。

经验指导：如果是垫层需安装模板，可以直接在模板上弹出垫层面的标高线。

二、基槽底口和垫层轴线投测

如图 8–7 所示，基槽挖至规定标高并清底后，经经纬仪安置在轴线控制桩上，瞄准轴线另一端的控制桩，即可把轴线投测到槽底，作为确定槽底边线的基准线。

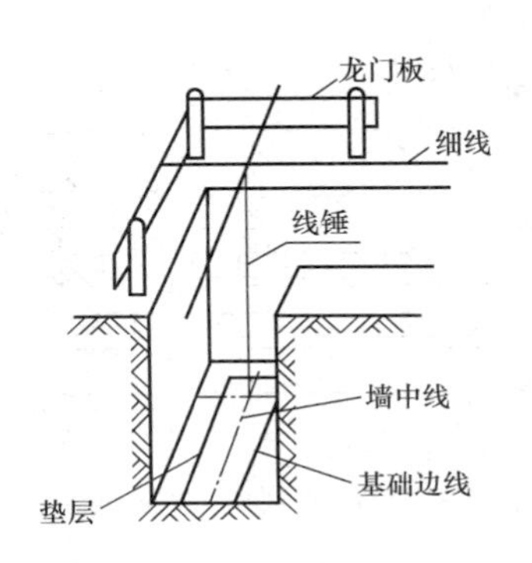

图 8–7　基槽底口和垫层轴线投测

三、基础标高的控制

基础标高一般是用基础皮数杆（图 8–8 和图 8–9）来控制的。皮数杆是用一根木杆制成的，在杆上注明±0.000 的位置，按照设计尺寸将砖和灰缝的厚度，分层从上往下画出来。

图 8–8　皮数杆

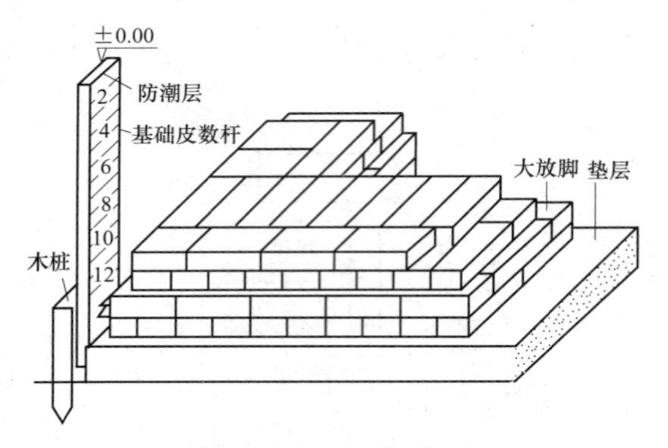

图 8–9　基础皮数杆示意

第四节　墙体施工测量

一、一层楼房墙体施工测量

1. 墙体轴线投测

基础工程施工后，应对龙门板或轴线控制桩进行复核，经复核无误后，可进行墙体轴线的测设，如图 8–10 所示。

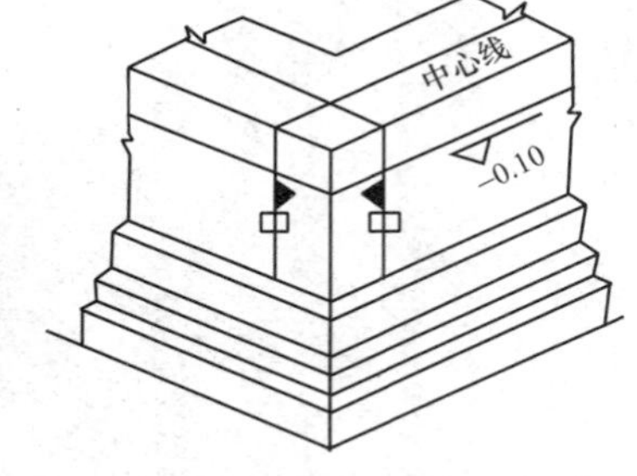

图 8–10　墙体轴线与标高线标注

墙体测设步骤如下：

（1）利用轴线控制桩或龙门板上的轴线钉和墙边线标志，用经纬仪或拉细绳挂垂球的方法将首次楼房的墙体轴线投测到基础面上或防潮层上。

（2）弹出墙中线和墙边线。

（3）把轴线延长到基础外墙侧面上并弹线和做出标志，作为向上投测各层楼墙体轴线的依据。

（4）检查外墙轴线交角是否等于 90°。

2. 墙体标高测设

墙体砌筑时，墙身各部位标高通常是用墙身皮数杆控制。

（1）皮数杆设置要求：墙体砌筑之前，应按有关施工图绘制皮数杆，作为控制墙体砌筑标高的依据，皮数杆全高绘制误差为±2mm。皮数杆的设置位置应选在建筑各转角及施工流水段分界处，相邻间距不宜大于15m，立杆时先用水准仪抄平，标高线允许误差为±2mm。

（2）皮数杆设置方法：按下述方法测设。

1）在墙身皮数杆（图8–11）上，根据设计尺寸，按砖和灰缝的厚度画出线条，并标明±0.000、门、窗、过梁、楼板等的标高位置。杆上标高注记从±0.000向上增加。

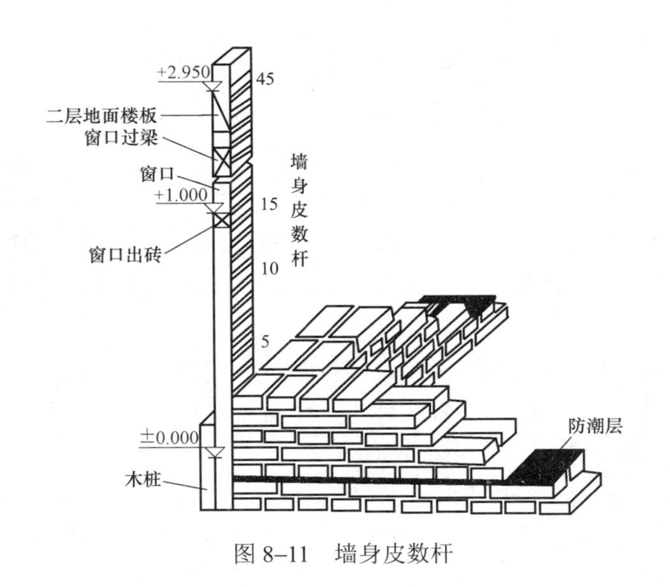

图8–11　墙身皮数杆

2）墙身皮数杆一般立在建筑的拐角和内墙处。采用内脚手架时，皮数杆立在墙的外边；采用外脚手架时，皮数杆立在墙里边。墙身皮数杆的设立与基础皮数杆相同，使皮数杆上的±0.000

标高与立桩处的木桩上测设的±0.000 标高相吻合。在墙的转角处，每隔 10～15m 设置一根皮数杆。

二、二层以上楼房墙体施工测量

1. 墙体轴线投测

（1）吊垂线法（图 8–12）：将较重的垂球悬挂在楼板或柱顶的边缘，慢慢移动，当垂球尖对准基础墙面上的轴线标志时，垂球线在楼板或柱顶边缘的位置即为楼层轴线端点位置，画一短线作为标志。同法投测另一端点，两端点的连线即为墙体轴线。

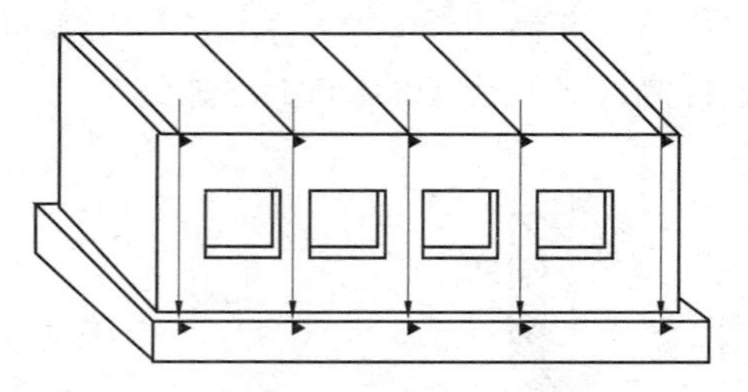

图 8–12　吊垂线法测设墙体轴线

经验指导：用钢尺检核轴线间的距离，相对误差不得大于 1/3000，符合要求后，以此为依据，用钢尺内分法测设其他细部轴线。

（2）经纬仪投测法：在轴线控制桩上安置经纬仪，严格整平后，瞄准基础墙面上的轴线标志，用盘左、盘右分中投点法，将轴线投测到楼层边缘或柱顶上。

经验指导：将所有端点投测到楼板上之后，用钢尺检核其间距，相对误差不得大于 1/3000。检查合格后，才能在楼板弹线，继续施工。

2. 墙体标高传递

（1）利用皮数杆传递标高（图 8–13）：一层楼房墙体砌完并建好楼面后，把皮数杆移到二层继续使用。为了使皮数杆立在同一水平面上，用水准仪测定楼面四角的标高，取平均值作为二楼的地面标高，并在立杆处绘出标高线，立杆时将皮数杆的±0.000线与该线对齐，然后以皮数杆为标高的依据进行墙体砌筑。如此用同样方法逐层往上传递高程。

图 8–13　皮数杆传递标高

（2）利用钢尺传递标高：在标高精度要求较高时，可用钢尺从底层的+50 标高线起往上直接丈量，把标高传递到第二层，然后根据传递上来的高程测设第二层的地面标高线，以此为依据立皮数杆。在墙体砌到一定高度后，用水准仪测设该层的+50 标高线，再往上一层的标高可以此为准用钢尺传递，以此类推，逐层传递标高。

第五节　高层建筑的施工测量

一、高层建筑定位测量

1. 测设施工方格网

进行高层建筑的定位放线是确定建筑平面位置和进行基础施工的关键环节，施测时必须保证精度，因此一般采用测设专用的施工方格网的形式来定位。

施工方格网一般在总平面布置图上进行设计，是测设在基坑开挖范围以外一定距离，平行于建筑主要轴线方向的矩形控制网。

2. 测设主轴线

控制桩在施工方格网的四边上，根据建筑主要轴线与方格网的间距，测设主要轴线的控制桩。测设时要以施工方格网各边的两端控制点为准，用经纬仪定线，用钢尺量距来打桩定点。测设好这些轴线控制桩后，施工时便可方便、准确地在现场确定建筑的 4 个主要角点。

除了四廓的轴线外，建筑的中轴线等重要轴线也应在施工方格网边线上测设出来，与四廓的轴线一起称为施工控制网中的控制线，一般要求控制线的间距为 30～50m。控制线的增多可为以后测设细部轴线带来方便，施工方格网控制线的测距精度不低于 1/10 000，测角精度不低于±10″。

如果高层建筑准备采用经纬仪法进行轴线投测，还应把要投测轴线的控制桩往更远处、更安全稳固的地方引测，这些桩与建筑的距离应大于建筑的高度，以免用经纬仪投测时仰角太大。

二、高层建筑基础施工测量

1. 测设基坑开挖边线

高层建筑一般都有地下室，因此要进行基坑开挖。开挖前，先根据建筑物的轴线控制桩确定角桩，以及建筑物的外围边线，再考虑边坡的坡度和基础施工所需工作面的宽度，测设出某坑的开挖边线并撒出灰线（图 8–14）。

2. 基坑开挖时的测量工作

高层建筑的基坑一般都很深，需要放坡并进行边坡支护加固，开挖过程中，除了用水准仪控制开挖深度外，还应经常用经纬仪或拉线检查边坡的位置，防止出现坑底边线内收，致使基础位置不够。

图 8–14 基础开挖边线并撒灰线

3. 基础放线及标高控制

（1）基础放线。基坑开挖完成后，有以下 3 种情况需要放线：梁轴线、墙宽线和柱位线等。

1） 在基坑底部打桩或挖孔，做桩基础。这时要求在坑底测设各条轴线和桩孔的定位线，桩做完后，还要测设桩承台和承重梁的中心线。

2） 先做桩，然后在桩上做箱基或筏基，组成复合基础，这时的测量工作是前两种情况的结合。

无论是哪种情况，在填坑下均需要测设各种各样的轴线和定位线，其方法是基本一样的。先根据地面上各主要轴线的控制桩，用经纬仪向基坑下投测建筑物的四大角、四廓轴线和其他主轴线，经认真校核后，以此为依据放出细部轴线，再根据基础图所示尺寸，放出基础施工中所需的各种中心线和边线，如桩心的交线以及梁、柱、墙的中线和边线等。

测设轴线时，有时为了通视和量距方便，不是测设真正的轴线，而是测设其平行线，这时一定要在现场标注清楚，以免用错。另外，一些基础桩、梁、柱、墙的中线不一定与建筑轴线重合，而是偏移某个尺寸，因此要认真按图施测，防止出错。

经验指导：如果是在垫层上放线，可把有关轴线和边线直接用墨线弹在垫层上（图 8–15），由于基础轴线的位置决定了整个高层建筑的平面位置和尺寸，因此施测时要严格验核，保证精度。如果是在基坑下做桩基，则测设轴线和桩位时，宜在基坑护壁上设立轴线控制桩，既能保留较长时间，也便于施工时用来复核桩位和测设桩顶上的承台和础梁等。

图 8–15　边线弹在垫层上

（2）基础标高测设。基坑完成后，应及时用水准仪根据地面上的±0.000 水平线，将高程引测到坑底，并在基坑护坡的钢板或混凝土桩上做好标高为负的整米数的标高线。由于基坑较深，引测时可多设几站观测，也可用悬吊钢尺代替水准尺进行观测。在施工过程中，如果是桩基，要控制好各桩的顶面高程；如果是箱基和筏基，则直接将高程标志测设到竖向钢筋和模板上，作为安装模板、绑扎钢筋和浇筑混凝土的标高依据。

三、高层建筑的轴线投测

1. 经纬仪法

当施工场地比较宽阔时，可使用此法进行竖向投测，如图 8–16 所示，安置经纬仪于轴线控制桩上，严格对中整平，盘左照准建筑物底部的轴线标志，往上转动望远镜，用其竖丝指挥在施工一层楼面边缘上画一点，然后盘右再次照准建筑物底部的轴线标志，同法在该处楼面边缘上画出另一点，取两点的中间点作为轴线的端点。其他轴线端点的投测与此法相同。

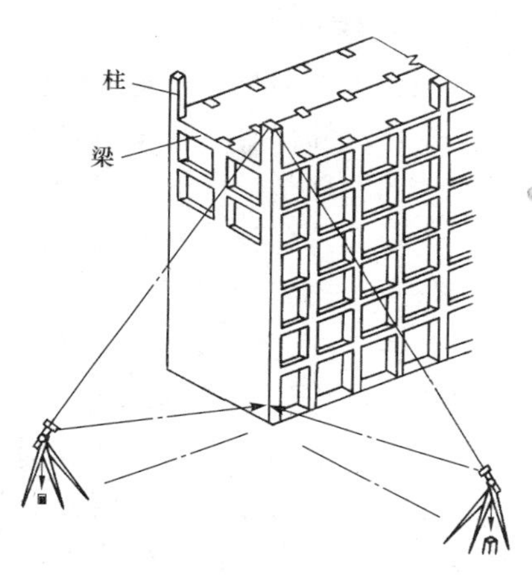

图 8–16　经纬仪轴线竖向投测

当楼层建得较高时，经纬仪投测时的仰角较大，操作不方便，误差也较大，此时应将轴线控制桩用经纬仪引测到远处（大于建筑物高度）稳固的地方，然后继续往上投测。如果周围场地有限，也可引测到附近建筑物的房顶上。如图 8–17 所示，先在轴线控制桩 A_1 上安置经纬仪，照准建筑物底部的轴线标志，将轴线投测到楼面上 A_2 点处，然后在 A_2 上安置经纬仪，照准 A_1 点，将轴线投测到附近建筑屋面上 A_3 点处，以后就可在 A_3 点安置经纬仪，投测更高楼层的轴线。注意上述投测工作均应采用盘左盘右取中法进行，以减少投测误差。

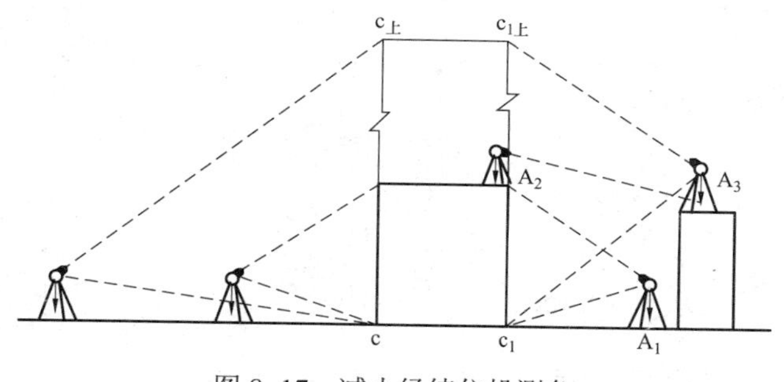

图 8–17　减小经纬仪投测角

2. 吊线坠法

当周围建筑物密集，施工场地窄小，无法在建筑物以外的轴线上安置经纬仪时，可采用此法进行竖向投测。该法与一般的吊锤线法的原理是一样的，只是线坠的重量更大，吊线（细钢丝）的强度更高。此外，为了减少风力的影响，应将吊线坠的位置放在建筑物内部。

如图 8–18 所示，事先在首层地面上埋设轴线点的固定标志，轴线点之间应构成矩形或十字形等，作为整个高层建筑的轴线控制网。各标志的上方每层楼板都预留孔洞，供吊锤线通过。投测时，在施工层楼面上的预留孔上安置挂有吊线坠的十字架，慢慢移动十字架，当吊锤尖静止地对准地面固定标志时，十字架的中心就是应投测的点，在预留孔四周做上标志即可，标志连线交点，即为从首层投上来的轴线点。同理测设其他轴线点。

3. 垂准仪法

垂准仪法（图 8–19）就是利用能提供铅直向上（或向下）视线的专用测量仪器，进行竖向投测。常用的仪器有垂准经纬仪、激光经纬仪和激光垂准仪等。用垂准仪法进行高层建筑的轴线投

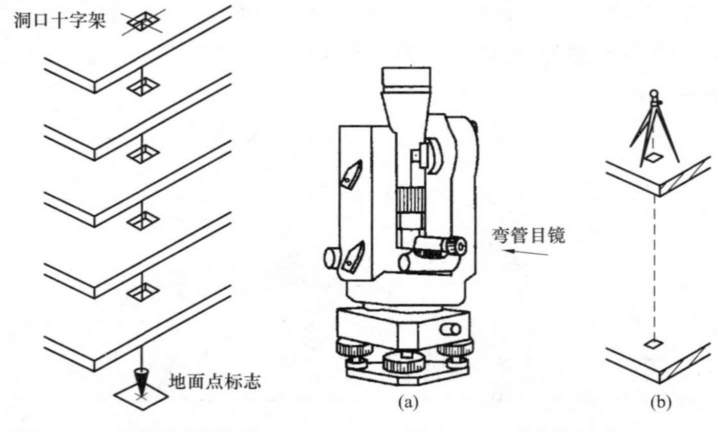

图 8–18　吊线坠法投测

图 8–19　垂准经纬仪

（a）垂准经纬仪构造图；（b）垂准经纬仪投测示意图

测，具有占地小、精度高、速度快的优点，在高层建筑施工中用得越来越多。

垂准仪法也需要事先在建筑底层设置轴线控制网，建立稳固的轴线标志，在标志上方每层楼板都预留孔洞（大于 15cm×15cm），供视线通过，如图 8–20 所示。

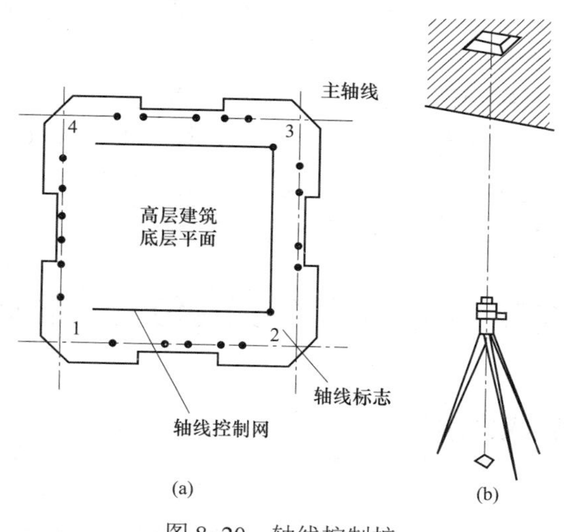

图 8–20　轴线控制桩

（a）轴线控制桩示意；（b）轴测孔示意

四、高层建筑的高程传递

高层建筑各施工层的标高是由底层 ±0.000 标高线传递上来的。

（1）用钢尺直接测量。一般用钢尺沿结构外墙、边柱或楼梯间由底层 ±0.000 标高线向上竖直量取设计高差，即可得到施工层的设计标高线。用这种方法传递高程时，应至少由三处底层标高线向上传递，以便于相互校核。由底层传递到上面同一施工层的几个标高点必须用水准仪进行校核，检查各标高点是否在同一水平面上，其误差应不超过±3mm。合格后以其平均标高为准，作为该层的地面标高。若建筑高度超过一尺段（30m 或 50m），可每隔一个尺段的高度精确测设新的起始标高线，作为继续向上传递高程的依据。

（2）利用皮数杆传递高程。在皮数杆上自±0.000 标高线起，门窗口、过梁、楼板等构件的标高都已注明。一层楼砌好后，则从一层皮数杆起一层一层往上接。

（3）悬吊钢尺法。在外墙或楼梯间悬吊一根钢尺，分别在地面和楼面上安置水准仪，将标高传递到楼面上。用于高层建筑传递高程的钢尺应经过检定，量取高差时尺身应铅直和用规定的拉力，并应进行温度改正。

第六节　建筑施工轴线点位与高程测量

一、轴线投测

1. 经纬仪投测法

（1）延长轴线法。当建筑四周场地开阔，能够将建筑物四廓轴线延长到建筑物的总高度以外或附近的多层建筑物屋面上时，可采用延长轴线法。这种方法是将经纬仪安置在轴线的延长线上，以首层轴线为准，向上逐层投测。

如图 8–21 所示，A、C、①、⑤轴线为建筑物的四廓轴线，Ⅰ′、Ⅰ″、C_1、C_2 等桩点为轴线延长线上的桩位。施测时将经纬仪分别安置在各点上，先后视基础上的轴线标志，然后纵转望远镜向上投测，指挥施工层上的观测人员依视线位置做出标志。M 点就是投测上来的 C 轴和①轴的交点。

（2）侧向借线法。当建筑四周场地窄小，建筑物四廓轴线无法延长时，可采用侧向借线法。这种方法是先将轴线向建筑物外侧平移 1～2m（俗称借线），然后将经纬仪分别安置在平移出来

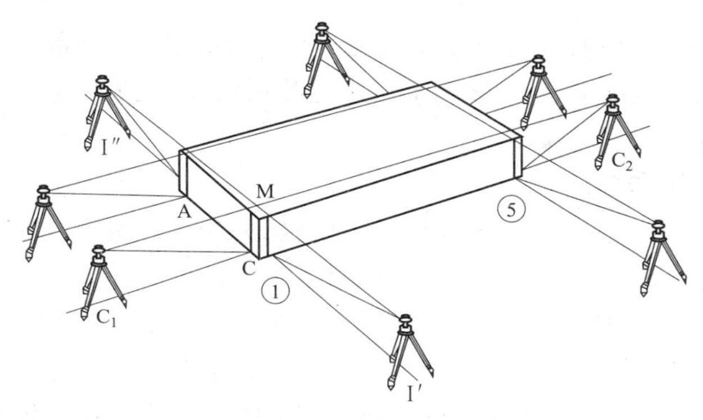

图 8–21　延长轴线投测法

的轴线端点，后视另一端向上投测，同时指挥施工层上的观测人员，垂直仪器视线横向水平移动直尺，再以视线为准向内量出借线尺寸，即可在楼板上定出轴线的位置。

如图 8–22 所示，轴向外平移 1.5m 至 I′、I″位置，将经纬仪安置在 I′点上，瞄准另一端点 I″纵转望远镜瞄准施工层上横放的直尺，指挥上面的观测人员横向水平移动直尺，使视线照准尺上的端点刻画，然后依据直尺刻画向内反量轴线平移的距离（1.5m），并在楼板上标出轴线位置。同样，再将经纬仪安置在 I″

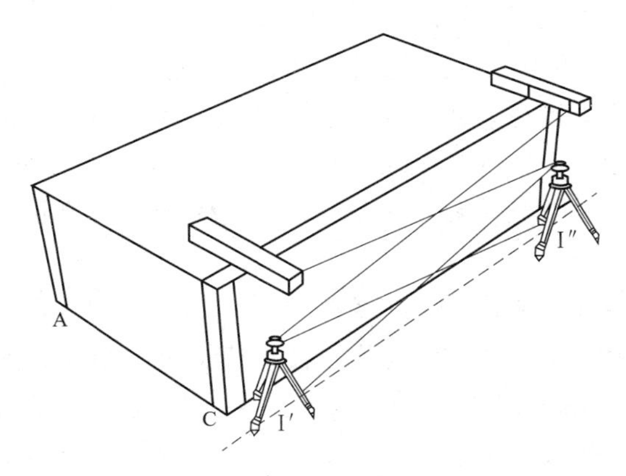

图 8–22　侧向借线法投测轴线

点上，按照相同的方法在施工层另一端标出轴线位置，这样C轴线就被投测到施工层上了。其他各轴线均可按照这一方法进行投测。

2. 铅垂线法

（1）吊线坠法：这是以首层轴线标志为准悬吊特制线坠，通过吊线（即铅垂线）逐层引测轴线的方法。为方便操作，实际作业时先估计出轴线的大致位置将线坠吊线固定到施工层，然后通过下边线坠的摆动取中找出投点位置，并量取实际投点位置与轴线标志之间的偏离距离，再在施工层从固定吊线位置开始按照相同方向量出偏离距离，定出轴线位置。

为保证投测精度，操作时应注意以下要点：

1）线坠体形端正，重量应符合要求，采用编制线或钢丝悬吊。

2）线坠上端固定，线间无任何物体抗线。

3）线坠下端左右摆动＜3mm时取中，投点时视线要与结构立面垂直。

4）每隔3～4层再投一次通线，作为校核。

（2）激光铅直仪法。激光铅直仪是一种利用激光束提供可见铅垂线的专用仪器。投测时，将激光铅直仪安置在首层地面的轴线控制点上，使激光束通过各层楼板的预留孔洞，向置于施工层上的接收板上投点，实现向上引测轴线位置的目的。

经验指导：这种方法适用于高层建筑、高耸构筑物（如烟囱、塔架）以及采用滑模工艺的工程，具有操作方法简便、投测精度较高的特点。

（3）经纬仪天顶法。在经纬仪上加装一个90°弯管目镜，安置在首层地面的轴线控制点上，使望远镜物镜指向天顶方向（即铅垂向上），通过弯管目镜视线穿过各层楼板的预留孔洞，向置于施工层上的接收板上投点，实现向上引测轴线位置的目的。

经验指导：这种方法适用于现浇混凝土工程和钢结构安装工

程，但施测时要采取安全措施，防止上面落物击伤观测人员和砸毁仪器。

（4）经纬仪天底法。将竖轴为空心的特制经纬仪直接安置在施工层上，使望远镜物镜指向天底方向（即铅垂向下），通过平移仪器使视线穿过各层楼板的预留孔洞，照准首层地面上的轴线控制点后，再向置于仪器下边的投影板上投点，实现向施工层上引测轴线位置的目的。

经验指导：这种方法也适用于现浇混凝土工程和钢结构安装工程，但避免了物体下落的威胁，仪器与观测人员均比较安全。

二、高程传递

1. 高程传递的方法

（1）钢尺垂直量距法。用钢尺分别从不少于三处沿垂直方向由±0.000 水平线或事先准确测设的同一起始高程线向上量至施工层，并画出某整分米数水平线（即某一高程线）。

（2）水准观测法。如图 8–23 所示，将水准仪安置在 I 点，后视±0.000 水平线或起始高程线处的水准尺读取后视读数 a_1，前视悬吊于施工层上的钢尺读取前视读数 b_1，然后将水准仪移动

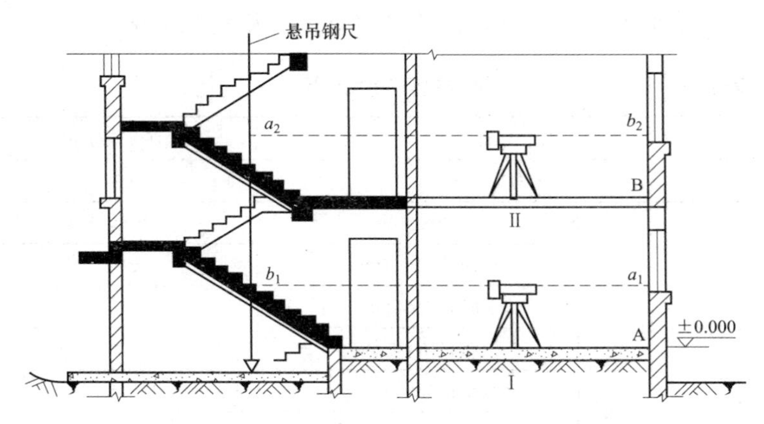

图 8–23　利用水准测量方法进行高程传递

到施工层上安置于Ⅱ点，后视钢尺读取 a_2，前视 B 点水准尺测设施工层的某一高程线（如+50 线）。对于一个建筑物，应按这样的方法从不少于三处分别测设某一高程线标志。

测设高程线标志以后，再采用水准测量的方法观测处于不同位置的具有同一高程的水平线标志之间的高差，高差应不大于±3mm。

（3）皮数杆法：皮数杆的绘制主要依据建筑物剖面图及外墙详图中各构件的高程、尺寸等。皮数杆画法有两种：

一种是门窗洞门、预留孔、各构件的设计高程可以稍有变动，这时把皮数杆画成整皮数，上下移动门窗洞口、预留孔、构件等的位置；

另一种是门窗洞口、预留孔、各构件的设计高程有一定的工艺要求不能变动，这时可在规范允许的范围以内调整水平灰缝的大小凑成整皮数。

设置皮数杆时，首先在地面上打一木桩，使用水准仪测设出±0.000 高程位置，然后，把皮数杆上的±0.000 线与木桩上的±0.000 0 线对齐、钉牢。皮数杆钉好后，要用水准仪进行检验。

2. 高程传递的精度要求

高程传递时，轴线投测的精度应符合表 8–1 的规定。

表 8–1　　轴线投测的精度要求

项　目		允许偏差/mm
每层		±3
总高（H）	H≤30m	±5
	30m<H≤60m	±10
	60m<H≤90m	±15
	90m<H≤120m	±20
	120m<H≤150m	±25
	150m<H	±30

3. 高程传递的工作要点

为了保证高程传递的精度，施测时应注意以下几点：

（1）一般情况下应至少由三处向上传递高程，以便于各层使用和相互校核。各层传递高程时均应由±0.000 水平线或起始高程线开始，高程传递后要将水准仪安置在施工层，校测由下面传递上来的各水平线，较差应在 3mm 以内。在各层抄平时，应后视两条水平线以作校核。

（2）观测时尽量做到前、后视线等长，测设水平线时，最好是直接调整水准仪高度，使后视线正对准设计水平线，则前视时可直接用铅笔标出视线高程的水平线。这种测法比一般在木杆上标记出视线再量高差反数的测法能提高精度 1～2mm。

（3）由±0.000 水平线向上量高差时，所用钢尺应经过检定，尺身应竖直并使用标准拉力，还应进行尺长和温度改正（钢结构不加温度改正）。

第九章

提升技能之全站仪和GPS测量

第一节　全站仪的构造及操作

一、全站仪的测距、测角原理

1. 相位法测距原理

目前使用的全站仪均采用相位法测距。

如图9–1所示，设欲测定的A、B两点间的距离为D，在A点安置仪器，在B点安置反射镜，由仪器发射调制光，经过距离D到达反射镜，再由反射镜返回到仪器接收系统，如果能测出速度为c的调制光在距离D上往返传播的时间t，则距离D即可按下式求得

$$D=1/2\times c\times t$$

式中　D——待测距离，m；

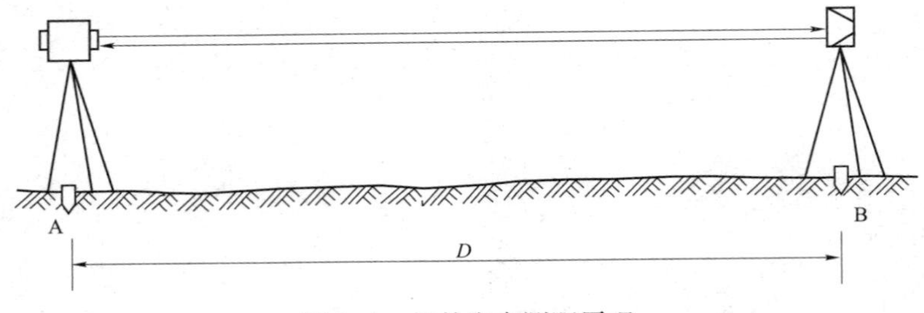

图9–1　红外光电测距原理

c——调制光在大气中的传播速度，m/s；

t——调制光在往、返距离上传播时间，s。

用光电测距时，是将发光管发出的高频波，通过调制器改变其振幅，而且使改变后的振幅的包络线呈正弦变化，且具有一定的频率。发光管发出的高频波称为截波，经过调制而形成的波称为调制波，调制波的波长为λ。为便于说明，把光波在往返距离上的传播展开形成一条直线，如图 9–2 所示，显然，调制光返回到 A 点的相位比发射时延迟了 φ。

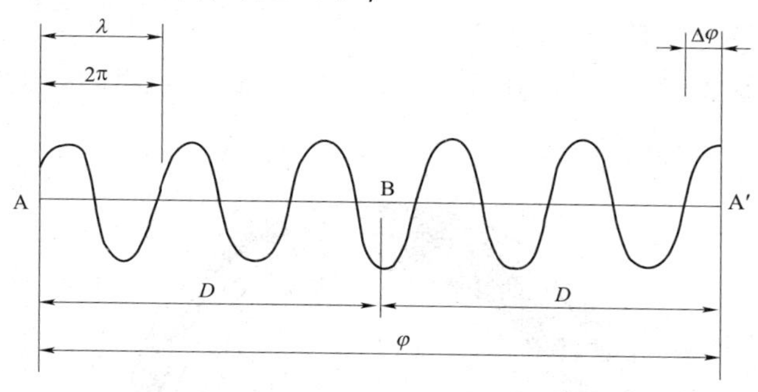

图 9–2　调制光波在被测往返距离上展开图

由于侧向装置不能测定一个整周期的相位差$\Delta\varphi$，不能测出整周期 N 值，因此只有当光尺长度大于待测距离时（此时 N=0），距离方可以确定，否则就存在多值解的问题。换句话说，测程与光尺长度有关。要想使仪器具有较大的测程，就应选用较长的“光尺”。例如，用 10m 的“光尺”，只能测定小于 10m 的距离数据；若用 1000m 的“光尺”，则能测定 1000m 的距离。但是，由于仪器存在测相误差，它与“光尺”长度成正比，约为 1/1000 的光尺长度，因此“光尺”长度越长，测距误差就越大。10m 的“光尺”测距误差为±10mm，而 1000m 的“光尺”测距误差则达到±1m，这样大的误差是过程中所不允许的。

2. 测角原理

全站仪测读角系统是利用光电描度盘，自动显示于读数屏幕，使观测时操作更简单，且避免了人为读数误差。目前电子测角有三种度盘形式：编码度盘、光栅度盘和格区式度盘。

（1）编码度盘的绝对法电子测角原理。编码盘属于绝对式度盘，即度盘的每一个位置均可读出绝对的数值。

编码度盘通常是在玻璃圆盘上支撑多道通信圆环，每一个同心圆环成为码道。度盘按码道数 n 等分成 2^n 个扇形区，度盘的角度分辨率为 $360°/2^n$。图 9–3 是一个 4 码道的纯二进制的编码度盘，度盘分成 16 个扇形区。图中黑色部分表示透光区，白色部分表示不透光区。透光表示二进制代码“1”，不透光表示代码“0”。通过各区间的 4 个码道的透光和不透光，即可由里向外读出 4 位二进制数来。

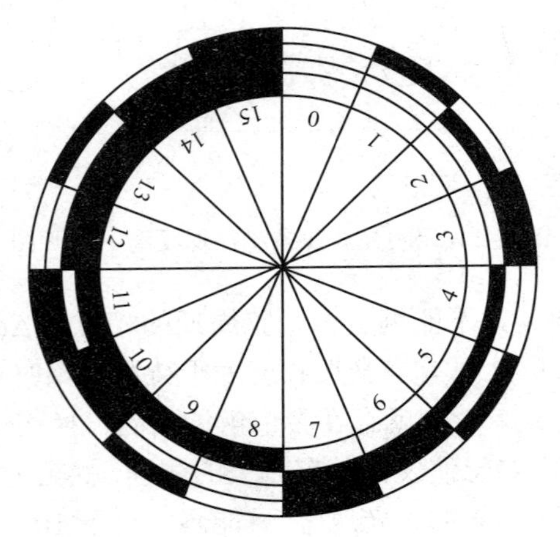

图 9–3 编码度盘

利用这样一种度盘测量角度，关键在于识别瞄准的方向所在的区间。例如，已知角的起始方向在区间 1，某一瞄准方向在区间 8 内，则中间所隔 6 个区间所对应的角度即为该角值。

图 9–4 所示的光电读数系统可译出码道的状态，以识别所在的区间。图中 8 个二极管的位置不动，度盘上方的 4 个发光二极

管加上电压就发光，当度盘转动停止后，处于度盘下方的光电二极管就接收来自上方的信号，由于码道分为透光和不透光两种状态，接收二极管上有无光照就取决于各码道的状态，如采透光，光电二极管受到光照后附值大大减小，使原来处截止状态的晶体二极管导通，输出高电位，表示 1；而不受光照的二极管阻值很大，晶体三极管仍处于截止状态，输出低电位，表示 0。这样，度盘的透光与不透光状态就变成电输出，通过对两组电信号的译码，就可得到两个度盘的位置，即为构成角度的两个方向值，两个方向值之间的差值就是该角值。

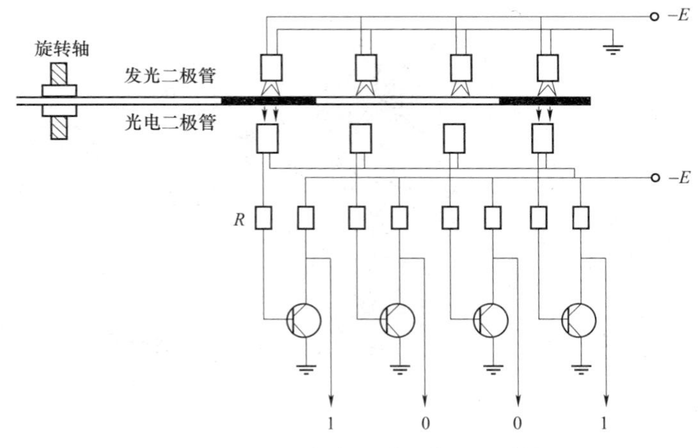

图 9–4　编码度盘码道光电识别系统

对于上述的 4 码道、16 个扇形区码盘，角度分辨率=22.5°。显然这样的码盘不能在实际中应用，必须提高角度分辨率。要提高角度分辨率必须缩小区间间隔，要增加区间的状态数，就必须增加码道数。由于测角的度盘不能制作得很大，因此，码道数就受到光电二极管的尺寸限制。由此可见，仅仅利用编码度盘测角是很难达到很高的精度的，因此在实际中，多采用码道和各种电子测微技术相结合进行读数。

（2）光栅度盘的增量法电子测角原理。光栅度盘是在光学玻璃上全圆 360° 均匀而密集地刻画出许多径向刻线，构成等间距的明暗条纹（光栅）。通常光栅的刻线宽度与缝隙宽度相同，二者之和称为光栅的栅距，栅距所对的圆心角即为栅距的分化值。

二、全站仪的构造及辅助设备

1. 全站仪的构造

如图 9–5 所示，为全站仪的外部结构。

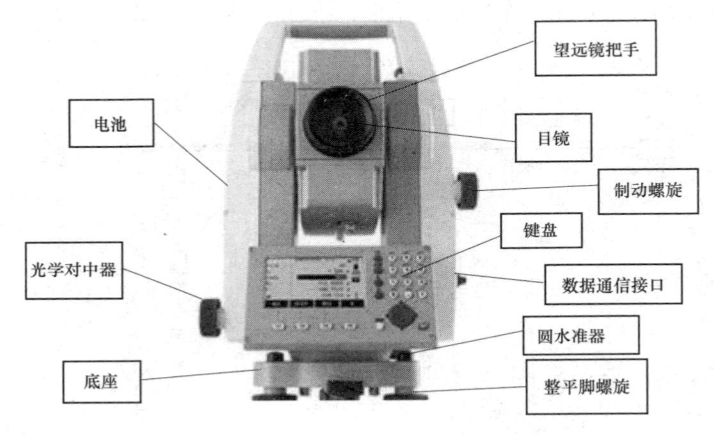

图 9–5　全站仪示意图

2. 全站仪的辅助设备

全站仪要完成预定的测量工作，必须借助于必要的辅助设备。全站仪常用的辅助设备有：三脚架、反射棱镜或反射片、垂球、管式罗盘、温度计和气压表、打印机连接电缆、数据通信电缆、阳光滤色镜以及电池及充电器等，具体功能见表 9–1。

表 9–1　全站仪各部件的功能

名称	主　要　内　容
三脚架	用于测站上架设仪器，其操作与经纬仪相同

续表

名称	主 要 内 容
反射棱镜或反射片	用于测量时立于测点，供望远镜照准，在工程中，根据工程的不同，可选用三棱镜、九棱镜等
垂球	在无风天气下，垂球可用于仪器的对中，使用方法同经纬仪
管式罗盘	供望远镜照准磁北方向，使用时，将其插入仪器提柄上的管式罗盘插口即可，松开指针的制动螺旋，旋转全站仪照准部，使罗盘指针平分指标线，此时望远镜指向北方向
打印机连接电缆	用于连接仪器和打印机，可直接打印输出仪器内数据
温度计和气压表	提供工作现场的温度和气压，用于仪器参数设置
数据通信电缆	用于连接仪器和计算机进行数据通信
阳光滤色镜	对着太阳进行观测时，为了避免阳光造成对观测者视力的伤害和仪器的损坏，可将翻转式阳光滤色镜安装在望远镜的物镜上

三、全站仪测量前的准备工作

全站仪测量前的准备工作主要内容见表 9–2。

表 9–2　　　　全站仪测量前的准备工作

序号	注 意 内 容
安装电池	在测前首先应检查内部电池充电情况，如电力不足，要及时充电。充电时要用仪器自带的充电器进行充电，充电时间需 12～15h，不要超出规定时间。整平仪器前应装上电池，因为装上电池后仪器会发生微小的倾斜。观测完毕须将电池从仪器上取下
架设仪器	全站仪的安置同经纬仪相似，也包括对中和整平两项工作。对中均采用光学对中器，具体操作方法与经纬仪相同
开机和显示屏显示的测量模式	检查已安装上的内部电池，即可打开电源开关。电源开启后主显示窗随即显示仪器型号、编号和软件版本，数秒后发生鸣响，仪器自动转入自检，通过后显示检查合格。数秒后接着显示电池电力情况，电压过低，应关机更换电池
设置仪器参数	根据测量的具体要求，测前应通过仪器的键盘操作来选择和设置参数。主要包括：观测条件参数设置、日期和时钟的设置、通信条件参数的设置和计量单位的设置等
其他方面	对于不同型号的全站仪，必要情况下，应根据测量的具体情况进行其他方面的设置。如：恢复仪器参数出厂设置、数据初始化设置、水平角恢复、倾角自动补偿、视准差改正及电源自动切断等

四、全站仪的操作

1. 水平角测量

（1）基本操作方法。

1） 首先选择水平角显示方式。水平角显示具有左脚 HAL（逆时针角）和右角 HAR（顺时针角）两种形式可供选择，进行测量前，应首先将显示方式进行定义。

2） 然后进行水平度盘读数设置。

① 水平方向置零。测定两条直线间的夹角，先将其中任一点作为起始方向，并通过键盘操作，将望远镜照准该方向时水平度盘的读数设置为 0°00′00″，简称为水平方向置零。

② 方位角设置（水平度盘定向）。当在已知点上设站，照准另一已知点时，则该方向的坐标方位角是已知量，此时可设置水平度盘的读数为已知坐标方位角值，称为水平度盘定向。此后，照准其他方向时，水平度盘显示的读数即为该方向的坐标方位角值。

（2）水平角测量。用全站仪测水平角时，首先选择水平角表示方式。然后精确照准后视点并进行水平方向置零（水平度盘的读数设置为 0°00′00″），再旋转望远镜精确照准前视点，此时显示屏幕上的读数，便是要测的水平角值，计入测量手簿即可。

（3）竖直角测量。如图 9–6 所示，一条视线与通过该视线的竖直面内的水平线的夹角称为竖直角，通常以°表示。视线在水平线之上称为仰角，符号为正［图 9–6（a）］。反之称为俯角，符号为负［图 9–6（b）］。角值范围为 0°～90°。

竖直角也可以天顶距表示。天顶距是指视线所在竖面内，天顶方向（竖直方向）与视线的夹角，通常以 Z 表示，天顶距无负值，角值范围为 0°～180°。

2. 距离测量

（1）参数设置。

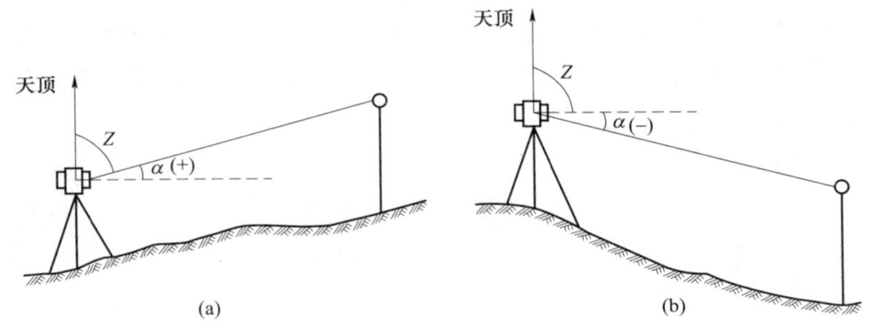

图 9–6　竖直角测量

（a）仰角示意图；（b）俯角示意图

1） 棱镜常数等参数。由于光在玻璃中的折射率为 1.5～1.6，而光在空气中的折射率近似等于 1，也就是说，光在玻璃中的传播要比空气中慢，因此光在反射棱镜中传播所用的超量时间会使所测距离增大某一数值，通常我们称作棱镜常数。棱镜常数的大小与棱镜直角玻璃锥体的尺寸和玻璃的类型有关，可按下式确定

$$棱镜常数（P_{C}）=-（N_{C}/N_{R}\times a-b）$$

式中　N_C——光通过棱镜玻璃的群折射率；

N_R——光在空气中的群折射率；

a——棱镜前平面（透射面）到棱镜镜顶的高；

b——棱镜前平面到棱镜装配支架竖轴之间的距离。

实际上，棱镜常数已在厂家所附的说明书或在棱镜上标出，供测距时使用。在精密测量中，为减少误差，应使用仪器检定时使用的棱镜类型。

2） 大气改正。由于仪器作业时的大气条件一般不与仪器选定的基准大气条件（通常称为气象参考点）相同，光尺长度会发生变化，使测距产生误差，因此必须进行气象改正（或称大气改正）。

（2）返回信号检测。当精确地瞄准目标点上的棱镜时，即可检查返回信号的强度。在基本模式或角度测量模式的情况下应进

行距离切换。如返回信号无音响，则表明信号弱，先检查棱镜是否瞄准，如果以精确瞄准，应考虑增加棱镜数。这对长距离测量尤为重要。

（3）距离测量。

1）测距模式的选择。全站仪距离测量有精测、速测（或称粗测）和跟踪测等模式可供选择，故应根据测距的要求通过键盘预先设定。

2）开始测距。精确照准棱镜中心，按距离测量键，开始距离测量，此时有关测量信息将闪烁显示在屏幕上。短暂时间后，仪器发出一段声响，提示测量完成，屏幕上显示出有关距离值。

第二节　GPS 定位系统基本原理

一、静态定位与动态定位

GPS 绝对定位示意图如图 9–7 所示。

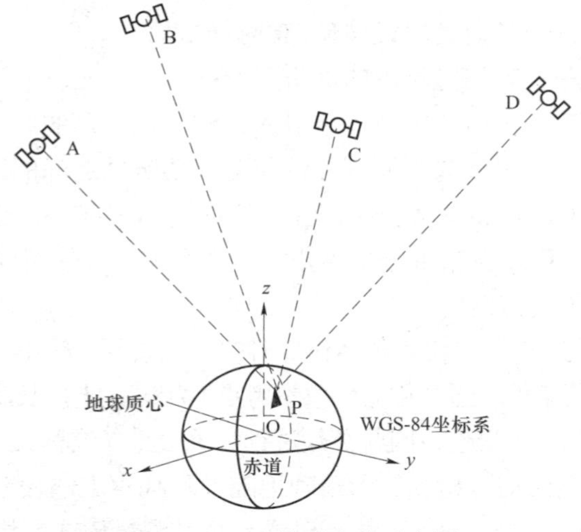

图 9–7　GPS 绝对定位示意图

静态定位是指接收机在进行定位时，待定点的位置相对其周围的点位没有发生变化时，则其天线位置处于固定不动的静止状态。此时接收机可以连续地在不同历元同步观测不同的卫星，获得充分的多余观测量，根据卫星的已知瞬间位置，解算出接收机天线相位中心的三维坐标。由于接收机的位置固定不动，就可以进行大量的重复观测，所以静态定位可靠性强、定位精度高，在大地测量、工程测量中得到了广泛的应用，是精密定位中的基本模式。动态定位是指在定位过程中，接收机位于运动着的载体，天线也处于运动状态的定位。

动态定位是用信号实时地测得运动载体的位置。如果按照接收机载体的运行速度，还可将动态定位分为低动态（几十米/秒）、中等动态（几百米/ 秒）、高动态（几千米/秒）三种形式。其特点是测定一个动点的实时位置，多余观测量少，定位精度较低。

二、单点定位和相对定位

GPS 单点定位也叫绝对定位，就是采用一台接收机进行定位的模式，它所确定的是接收机天线相位中心在 WGS–84 世界大地坐标系统中的绝对位置，所以单点定位的结果也属于该坐标系统。其基本原理是以卫星和用户接收机天线之间的距离（或距离差）观测量为基础，并根据已知可见卫星的瞬时坐标，来确定用户接收机天线相位中心的位置。该定位方法广泛地应用于导航和测量中的单点定位工作。

GPS 单点定位的实质，即是空间距离后方交会。对此，在一个测站上观测 3 颗卫星，获取 3 个独立的距离观测量就够了。但是由于 GPS 采用了单程测距原理，此时卫星钟与用户接收机钟不能保持同步，所以实际的观测距离均含有卫星钟和接收机钟不同步的误差影响，习惯上称为伪距。其中，卫星钟差可以用卫星电文中提供的钟差参数加以修正，而接收机的钟差只能作为一个未知参数，与测站的坐标在数据的处理中一并求解。因此，在一个测站上为了求解出 4 个未知参数（3 个点位坐标分量和 1 个钟差系数），至少需要 4 个同步伪距观测值。也就是说，至少必须同时观测 4 颗卫星。

经验指导：单点定位的优点是只需一台接收机即可独立定位，外业观测的组织及实施较为方便，数据处理也较为简单。缺点是定位精度较低，受卫星轨道误差、钟同步误差及信号传播误差等因素的影响，精度只能达到米级。所以该定位模式不能满足大地测量精密定位的要求。但它在地质矿产勘察等低精度的测量领域，仍然有着广泛的应用前景。

相对定位又称为差分定位，是采用两台以上的接收机（含两台）同步观测相同的卫星，以确定接收机天线间的相互位置关系的一种方法。其最基本的情况是用两台接收机分别安置在基线的两端（图 9–8），同步观测相同的 GPS 卫星，确定基线端点在世界大地坐标系统中的相对位置或坐标差（基线向量），在一个端点坐标已知的情况下，用基线向量推求另一待定点的坐标。相对定位可以推广到多台接收机安置在若干条基线的端点，通过同步观测卫星确定多条基线向量。

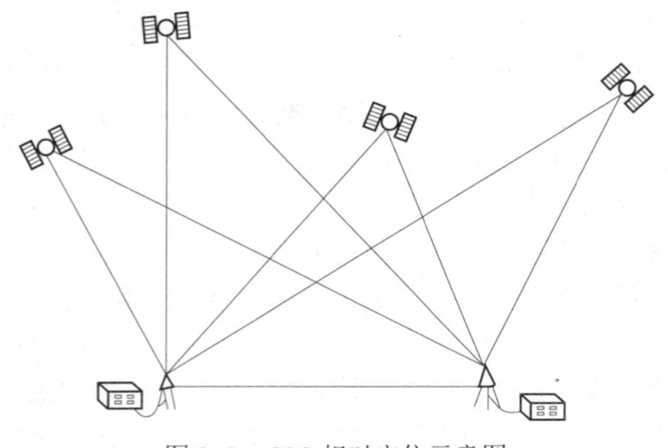

图 9–8　GPS 相对定位示意图

由于同步观测值之间有着多种误差，其影响是相同的或大体相同的，这些误差在相对定位过程中可以得到消除或减弱，从而使相对定位获得极高的精度。当然，相对定位时需要多台（至少两台以上）接收机进行同步观测。故增加了外业观测组织和实施的难度。

在单点定位和相对定位中，又都可能包括静态定位和动态定位两种方式。其中，静态相对定位一般均采用载波相位观测值为基本观测量。这种定位方法是当前 GPS 测量定位中精度最高的一种方法，在大地测量、精密工程测量、地球动力学研究和精密导航等精度要求较高的测量工作中被普遍采用。

三、用 GPS 定位的基本方法

GPS（图 9–9）定位的基本方法见表 9–3。

图 9–9　GPS 仪器

表 9–3　　**GPS 定位的基本方法**

方法	主　要　内　容
卫星射电干涉测量	利用卫星射电信号具有无噪声的特性，由两个测站同时观测一颗 GPS 卫星，通过测量这颗卫星的射电信号到达两个测站的时间差，可以求得站间距离。由于在进行干涉测量时，只把 GPS 卫星信号当作噪声信号来使用，因而无须了解信号的结构，所以这种方法对于无法获得 P 码的用户很有吸引力。其模型与在接收机间求一次差的载波相位测量定位模型十分相似

续表

方法	主要内容
多普勒定位法	根据多普勒效应原理，利用卫星较高的射电频率，由积分多普勒计数得出伪距差。当采用积分多普勒计数法进行测量时，所需观测时间一般较长（数小时），同时在观测过程中接收机的振荡器要求保持高度稳定，为了提高多普勒频移的测量精度，卫星多普勒接收机不是直接测量某一历元的多普勒频移，而是测量在一定时间间隔内多普勒频移的积累数值，称之为多普勒计数
伪距定位法	伪距定位法是利用全球卫星定位系统进行导航定位的最基本的方法，其基本原理是：在某一瞬间利用接收机同时测定到少四颗卫星的伪距，根据已知的卫星位置和伪距观测值，采用距离交会法求出接收机的三维坐标和时钟改正数。伪距定位法定一次位的精度并不高，但定位速度快，经几小时的定位也可达到米级的精度，若再增加观测时间，精度还可提高

第 十 章

提升技能之小区域控制测量

第一节 控 制 测 量 概 述

一、平面控制测量

1. 三角测量

三角测量是在地面上选择一系列具有控制作用的控制点，组成互相连接的三角形扩展成网状，称为三角网，如图 10–1 所示。在控制点上，用精密仪器将三角形的三个内角测定出来，并测定其中一条边长，然后根据三角公式解算出各点的坐标。用三角测量方法确定的平面控制点，称为三角点。

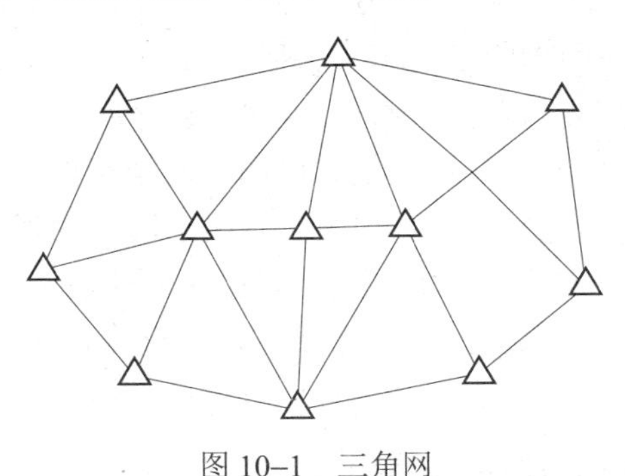

图 10–1 三角网

由全国范围内建立的三角网，称为国家平面控制网。按控制次序和施测精度分为 4 个等级，即一、二、三、四等。布设原则是从高级到低级，逐级加密布网。

2. 导线测量

导线测量是在地面上选择一系列控制点，将相邻点联成直线而构成折线形，称为导线，如图 10–2 所示。在控制点上，用精密仪器依次测定所有折线的边长和转折角，根据解析几何的知识解算出各点的坐标。用导线测量方法确定的平面控制点，称为导线点。

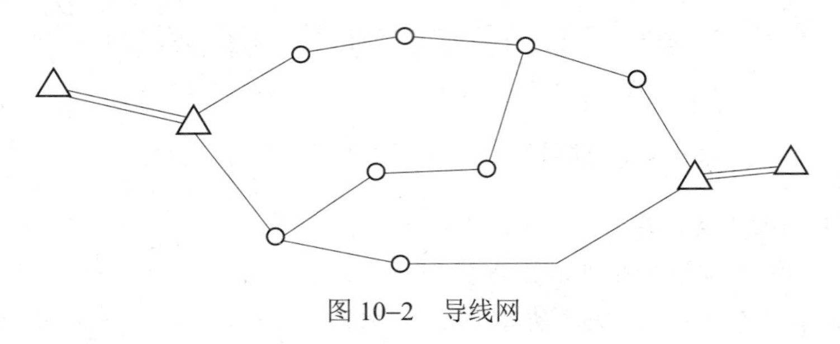

图 10–2 导线网

二、高程控制测量

高程控制测量的主要方法是水准测量。在全国范围内测定一系列统一而精确的地面点的高程所构成的网，称为高程控制网。

用于小区域的高程控制网，应根据测区面积的大小和工程的需要，采用分级建立。通常是先以国家水准点为基础，在测区内建立三、四等水准路线，再以三、四等水准点为基础，测定等外（图根）水准点的高程。水准点的间距，一般地区为 2～3km，城市建筑区为 1～2km，工业区小于 1km。一个测区至少设立 3 个水准点。

三、小区域平面控制测量

为满足小区域测图和施工所需要而建立的平面控制网，称为小区域平面控制网。小区域平面控制网也应由高级到低级分级建立。测区范围内建立最高一级的控制网，称为首级控制网；最低一级的即直接为测图而建立的控制网，称为图根控制网。首级控制与图根控制的关系见表10–1。

表10–1　　首级控制与图根控制的关系

测区面积/km^2	首级控制	图根控制
1～10	一级小三角或一级导线	两级图根
0.5～2	二级小三角或二级导线	两级图根
0.5以下	图根控制	

直接用于测图的控制点，称为图根控制点。图根点的密度取决于地形条件和测图比例尺，见表10–2。

表10–2　　图根点的密度

测图比例尺	1:500	1:1000	1:2000	1:5000
图根点密度/（点/km^2）	150	50	15	5

第二节　编制测量施工方案

一、施工测量方案编制的准备

1. 了解工程设计

在学习与审核设计图纸的基础上，参加设计交底、图纸会审，以了解工程性质、规模及特点；了解甲方、设计与监理各方对测量放线的要求。

2. 了解施工安排

包括施工准备、场地总体布置、施工方案、施工段的划分、开工顺序与进度安排等。了解各道工序随测量放线的要求，了解施工技术与测量放线、验线工作的管理体系。

3. 了解现场情况

包括原有建筑物，尤其是各种地下管线与建筑物情况，施工对附近建筑物的影响，是否需要监测等。

二、施工测量方案编制的内容

（一）施工测量方案编制的基本内容

（1）工程概况：工程名称、工程所属单位、施工单位；工程地理位置；建筑面积、层数与高度；结构类型、平面与立面、室内外装饰；工程特点、施工工期等。

（2）任务要求：场地、建筑物与建筑红线的关系，定位条件、设计施工对测量精度与进度的要求。

（3）施工测量技术依据、测量方法和技术要求，有关技术规程、技术方案等，所使用的测量仪器和工具、作业方法和技术要求。

（4）起始依据点的检测：平面控制点或建筑红线桩点、水准点等检测情况（包括检测方法与结果）。

（5）建筑物定位放线、验线与基础及正负零以上施工测量：建筑物定位放线与主要轴线控制桩、护坡桩、基桩的定位与监测；基础开挖与正负零以下各层施工测量；首层、非标准层与标准层的放线、竖向控制与标高传递等。

（6）安全质量保证体系与具体措施：施工测量组织、管理、安全措施、质量监控、质量缝隙与处理等。

（二）施工测量方案编制实例

如下所示为某建筑工程的定位和测量放线施工方案。

本工程施工现场比较大，测量工作有一定难度，需要建立高精度的控制网。为此，我们将组建精良的测量队伍，配备先进的测量仪器，采用极坐标测量方法，并辅以计算机、对讲机等器材以保证测量工作这一先导工序的准确、快速地完成。

1. 施工测量前期准备

（1）人员准备。组建一支测量专业队伍，在项目总工程师的领导下负责整个工程的测量与验线工作。测量队由技术组、测量组和验线组三部分组成：技术组负责内业管理、编制作业指导书、Ⅰ、Ⅱ级控制网及高程网的测设与校核；测量组负责土建施工期间的日常测量工作；验线组负责各项测量放线的检查验收工作。

（2）测量仪器。为满足施工精度及进度要求，配备以下测量器具，见表10–3。

表10–3　　测量器具一览表

仪器名称	精　　度	数　　量
全站仪	±（2mm+2×10–6×D），±2″	1台
电子经纬仪	±2″	7台
自动安平水准仪	S2、S3	7台
钢尺	一级	8把
激光垂准仪	1/40 000	7台
水准标尺	2m	16根
计算机		4台
对讲机		7对

以上施工用测量仪器须严格按照有关规定、规程进行检定，不得有未检定或超过有效期或检定不合格的计量器具在现场使用。全站仪、经纬仪、水准仪及50m钢尺需经市级计量检定部门进行检定；对于测力计量、盒尺、水平尺等普通计量器具应按照企业的相关规定进行自检。

（3）图纸校核。

1）总平面图的校核。内容包括：建筑用地红线桩的坐标、角度和距离的校核；建筑物定位依据及定位条件的校核；竖向设计校核。

2）建筑施工图纸的校核。内容包括：建筑物轴线的几何关系；平、立、剖面及节点大样的几何尺寸；各层相对高程与总图是否对应。

3）结构施工图纸的校核。内容包括：校核墙、柱及梁等结构的尺寸校核；校核结构图与建筑图、设备图是否对应。

（4）定位依据校测。

1）与业主方办理导线点、水准点及相关测量原始资料的交接手续。对移交后的桩点进行妥善保护，防止桩点受到扰动破坏。

2）校测业主方提供的精密导线点的距离、夹角及坐标。

3）校测水准点的高差（业主方提供的水准点不少于两个）。

（5）对施工现场内影响施测的障碍进行处理。

（6）对施测用辅助材料如标高控制桩油漆、麻线等提前准备到位。

2. 控制网布设

（1）平面控制网布设。

1）本工程占地面积较大，对测量精度要求较高，在平面控制中要布设高精度的建筑物平面控制网。精度为一级，边长相对中误差 1/24 000，测角中误差±9″。业主方提供的精密导线点为原始依据，进场后利用全站仪对已建立的平面控制网进行校测，做好记录。

2）小区西面设置 2 个外控点；东侧设 2 个外控点；南、北面各设置 2 个外控点，共 8 个外控点位。可采用在待测点做混凝土台一个，长宽均为 50cm，高 120cm，埋入地下 100cm，台顶预埋 10cm×10cm×0.6cm 钢板一块。各点位测设、校核完毕后，在钢板上刻痕钻孔、镶入铜芯标示。控制点周边用钢管做 1.5m×1.5m 四方保护架。东西、南北形成轴线控制网，每条轴线两端各需有 2 个控制点，以便于校核。此轴线控制网是依据业主方提供在现场的坐标控制点建立的，建成后必须经甲方、监理验收方能使用。

3）地上结构施工采用内控法，内控网布置在地下一层楼板上，楼板施工时预埋钢板，地下一层楼板施工后将控制点投测到钢板上，投点允许误差为1.5mm。

（2）高程控制网布设。根据甲方提供的水准点，采用附合测法引测底板、首层标高控制网。每个施工段须做三个标高点控制标高。楼板浇筑混凝土时预埋钢筋头，楼层平面放线前引测标高。各楼层由首层标高控制网向上引测。负一层以上各楼层标高传递可采用钢尺，通过平面内控点留洞进行。

（3）复核基槽平面位置和基底标高。平面控制网和高程控制网建成后，对基槽平面位置和基底标高进行校核，对原有的施工误差做出标记，如有较大误差，及时通报监理和业主方，采取有效措施处理，以确保后续施工正常进行。

3. 土建工程施工测量

（1）测量工作基本要求及注意事项。

1）施工测量放线工作应执行《建筑工程施工测量规程》（DBJ01–21–95）及国家有关规定。

2）测量放线人员在工作中应遵守施工测量放线工作基本准则和验线基本准则。

3）测量仪器应按周期送检，未检定、超出检定周期及检定不合格的测量仪器不使用。

4）测量放线工作中应认真做好计算、记录工作，并将计算、记录资料及时归档保存。放线后严格执行自检、互检，检查无误后报总包验线。

5）钢尺量距应采用往返丈量，并进行三差改正，以保证精度。

6）施工现场内的测量放线点位、标志均要进行保护，如加护栏、涂刷警戒色，防止碰动、破坏。测量作业前应对原始依据进行校核，确定点位无碰动、数据无误后方可进行下一步作业。

7）现场内材料堆放、车辆停放应保证测量点位间的通视。

（2）结构施工放线。

1）平面控制。首层以上结构放线，由地下一层内控网向上引测。各层楼板在控制点铅垂相对处预留 150mm×150mm 洞口（包括顶层的顶板），用激光铅垂仪向上投测。投测时应转动仪器 4 次，每转 90°，在施工层上的接收板上投点一个，取平均值。再根据此控制线放出各轴线及细部线。同时以外控点为依据进行校对。

2）标高控制。随结构施工向上传递。施工层抄平前，应先校测由下层传递上来的三个标高点，当误差小于 3mm 为合格，墙体拆模后以其平均点引测 50 线，作为墙体留洞和层高控制的依据。50 线标高允许误差为±3mm。

建筑物平面及标高控制网、各楼层平面及 50 线均要做预检并报监理验收合格后方可进行下道工序。其中楼层平面线及 50 线要分别做预检。

（3）各项测量放线工作允许误差。

1）平面控制各项允许误差。

轴线竖向投测：每层±3mm、总高±10mm。

外廓主轴线：±10mm。

细部轴线：±2mm。

承重墙、梁、柱边线：±3mm。

非承重墙边线：±3mm。

门窗洞口线：±3mm。

2）标高控制各项允许误差。

标高竖向传递：每层±3mm，总高±10mm。

管道穿墙孔洞：±10mm。

4. 变形观测

基坑边坡的变形观测的内容如下。

（1）监测目的。

1）通过监测，掌握边坡的稳定状态、安全程度和变形情况。

2）检测和评价边坡的最终稳定性，作为安全使用的重要依据。

3）将监测结果反馈于设计与理论预测中，使理论与设计达到优质安全、经济合理的目的。

（2）监测的主要内容。监测的主要内容包括坡顶水平位移、坑周地面裂缝、边坡变位。

（3）监测的主要仪器。主要监测仪器包括水准仪和经纬仪，水准仪用于测量地面、地层内各点及标高和沉降；经纬仪用于测量地形和构筑物的施工控制点坐标及施工中的水平位移。

（4）监测方法。在基坑周边坡顶，按 25～30m 间隔设观测点，测量水平位移与沉降；基准点布置在基坑变形影响不到的稳定地点，以确保观测点数据的准确、可靠。每次测量应对基准点进行校核，误差不大于 2mm。

基坑开挖前测原始值，从开挖第一步土时开始进行变形监测，监测周期 1 次/天，直至基础底板完工后，监测周期改为 1 次/2 天。当两次监测位移量很小或地下室施工完一层时，可将监测周期延长至 1 次/1 周。其间可根据施工进度和变形发展，随时加密监测次数，每 7 天向监理和甲方汇报一次监测结果。如发现变形异常，应及时停止基坑内作业，分析原因，采取还土、坡顶卸载和增补锚杆等加固措施，确保边坡及建筑物的安全。直至变形趋于零或地下结构至±0.00 时并回填结束。

三、建筑小区、大型复杂建筑物、特殊工程建筑施测量方案的编制

由于建筑小区、大型复杂建筑物及特殊建筑工程占地规模较大，施工场地内的道路以及地上地下设施较多，建筑物及装饰、安装复杂等因素，所以应根据工程的实际情况增加相关的下列内容。

1. 场地准备测量

根据建筑设计总平面图和施工现场总平面图布置图，确定

拆迁次序与范围，测定需保留的原有地下管线、地下建筑物与名贵树木的范围，进行场地平整与暂设工程定位放线等工作内容。

2. 场区控制网测量

按照便于施工、控制全面、安全稳定的原则，设计和布设场区平面控制网与高程控制网。

3. 装饰与安装测量

会议室、大厅、外饰面、玻璃幕墙等室内外装饰测量；电梯、旋转餐厅、管线等安装测量。

4. 竣工测量与变形测量

竣工图的编绘，各单项工程竣工测量；根据设计施工要求提出的变形观测项目和要求，设计变形观测方案：包括布设观测网、观测方法、技术要求、观测周期、成果分析等。

第三节　导线测量的外业观测

一、导线的布设形式

导线网的布设形式在通视条件较差的地区，平面控制大多采用导线测量。导线测量是在地面上按照一定的要求选定一系列的点（导线点），将相邻点连成直线而形成的几何图形，导线测量是依次测定各折线边（导线边）的长度和各转折角（导线角），根据起算数据，推算各边的坐标方位角，从而求出各导线点的坐标。

1. 闭合导线

如图 10–3 所示，从已知控制点 A 和已知方向 BA 出发，经过 1、2、3、4，最后仍回到起点 A，形成一个闭合多边形，这样的导线称为闭合导线。闭合导线本身存在着严密的几何条件，具有检核作用。

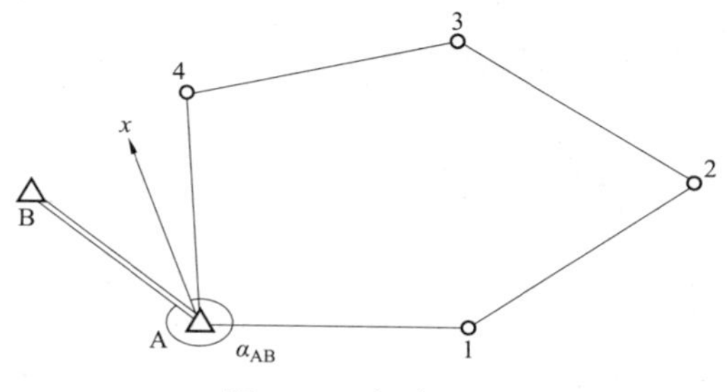

图 10–3　闭合导线

2. 支导线

由一已知点和已知方向出发，既不附合到另一已知点，又不回到原起始点的导线称为支导线。支导线缺乏必要的检核条件，因此，导线点一般不允许超过两个，如图 10–4 所示，B 为已知控制点。

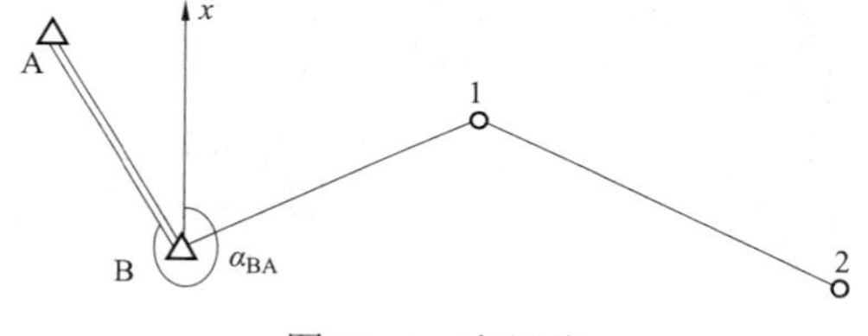

图 10–4　支导线

3. 附合导线

如图 10–5 所示，导线从已知控制点 B 和已知方向出发，经过 1、2、3 点，最后附合到另一已知点和已知方向上，这样的导线称为附合导线。这种布设形式，具有检核观测成果的作用。

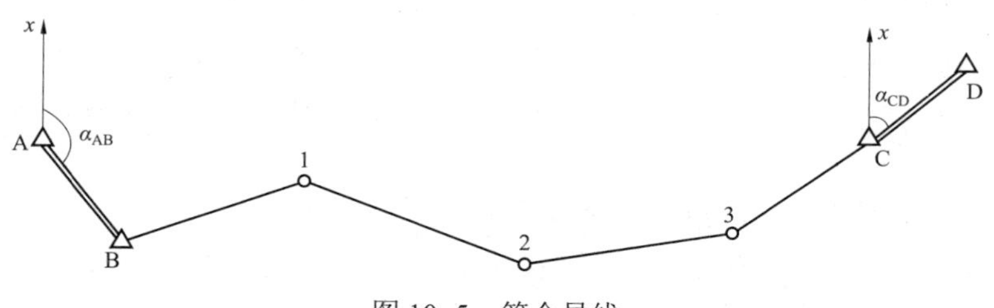

图 10–5　符合导线

二、导线测量的外业工作

1. 导线网的布设

导线网的布设应符合如下规定：

（1）导线网用作测区的首级控制时，应布设成环形网，且宜联测 2 个已知方向。

（2）加密网可采用单一附合导线或结点导线网形式。

（3）结点间或结点与已知点间的导线段宜布设成直伸形状，相邻边长不宜相差过大，网内不同环节上的点也不宜相距过近。

2. 勘选点及建立标志

（1）选点的基本准则。选点的基本准则主要有以下几点：

1）点位应选在土质坚实、稳固可靠、便于保存的地方，视野应相对开阔，便于加密、扩展和寻找。

2）相邻点之间应通视良好，其视线距障碍物的距离：三、四等不宜小于 1.5m；四等以下宜保证便于观测，以不受折光影响为原则。

3）当采用电磁波测距时，相邻点之间视线应避开烟囱、散热塔、散热池等发热体及强电磁场。

4）相邻两点之间的视线倾角不宜过大。

5）应充分利用旧有控制点。

首先要根据测量的目的、测区的大小以及测图比例尺来确定导线的等级，然后再到测区内踏勘，根据测区的地形条件确定导线的布设形式，还要尽量利用已知的成果来确定布点方案。

（2）选点时应注意的技术要求。选点时应注意的技术要求如下：

1）相邻导线点间应通视良好，以便测角、量边。

2）点位应选在土质坚硬、便于保存标志和安置仪器的地方。

3）视野开阔，便于碎部测量和加密图根点。

4）导线边长应均匀，避免较悬殊的长边与短边相邻。

5）点位分布要均匀，符合密度要求。

3. 水平角测量

水平角测量应满足以下规定：

（1）水平角观测宜采用方向观测法，并符合以下的规定：

1）当观测方向不多于 3 个时，可不归零。

2）当观测方向多于 6 个时，可进行分组观测。分组观测应包括两个共同方向（其中一个为共同零方向），其两组观测角之差不应大于同等级测角中误差的 2 倍。分组观测的最后结果应按等权分组观测进行测站平差。

3）水平角的观测值应取各测回的平均数作为测站成果。

4）各测回间应配置度盘。

（2）水平角观测误差超限时，应在原来度盘位置上重测，并应符合以下的规定：

1）一测回内 $2c$ 互差或同一方向值各测回误差超限时，应重测超限方向，并联测零方向。

2）下半测回归零差或零方向的 $2c$ 互差超限时，应重测该测回。

3）若一测回中重测方向数超过总方向数的 1/3 时，应重测该测回。当重测的测回数超过总测回数的 1/3 时，应重测该站。

（3）水平角观测的测站作业，应符合如下的规定。

1）仪器或反光镜的对中误差不应大于 2mm。

2）如受外界因素（如振动）的影响，仪器的补偿器无法正常工作或超出补偿器的补偿范围时，应停止观测。

3）当测站或照准目标偏心时，应在水平角观测前或观测后测定归心元素。测定时，投影事物三角形的最长边，对于标石、仪器中心的投影不应大于 5mm。对于照准标志中心的投影不应大于 10mm。投影完毕后，除标石中心外，其他各投影中心均应描绘两个观测方向。角度元素应量至 15′，长度元素应量至 1mm。

4. 边长的测量

导线边长可用测距仪（或全站仪）直接测定，也可用钢尺丈量。测距仪或全站仪的测量精度较高。钢尺丈量时，应用检定过的钢尺按精密丈量方法进行往返丈量。

测距作业应符合下列规定：

（1）测站对中误差和反光镜对中误差不应大于 2mm。

（2）当观测数据超限时，应重测整个测回，如观测数据出现分群时，应分析原因，采取相应措施重新观测。

（3）四等及以上等级控制网的边长测量，应分别量取两端点观测始末的气象数据，计算时应取平均值。

（4）测量气象元素的温度计宜采用通风干湿温度计，气压表宜选用高原型空盒气压表；

读数前应将温度计悬挂在离开地面和人体 1.5m 以外阳光不能直射的地方，且读数精确至 0.2℃；气压表应置平，指针不应滞阻，且读数精确至 50Pa。

（5）每日观测结束，应对外业记录进行检查。当使用电子记录时，应保存原始观测数据，打印输出相关数据和预先设置的各项限差。

5. 测定连接角或方位角

如图 10–6 所示，当导线需要与高级控制点或同级已知坐标

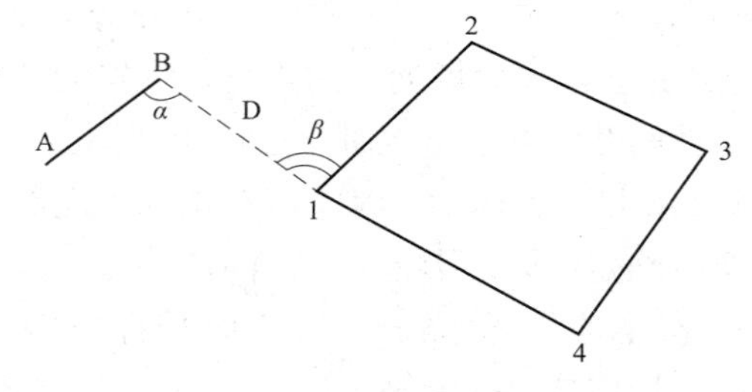

图 10–6　导线连测

点间接连接时，还必须测出连接角α、β和连接边 DB1，以便测量场地坐标方位角和 B 点的平面坐标。若单独进行测量时可建立独立的假定坐标系，需要测量起始边的方位角。方位角可采用罗盘仪进行测量。

第十一章

提升技能之建筑工程施工变形测量

第一节　建筑物的沉降观测

一、沉降观测的方法及要求

（一）沉降观测的方法

沉降观测（图 11–1）常采用的方法是水准测量。中、小型厂房和土工建筑物采用普通水准测量进行沉降观测；高大重要的混凝土建筑物采用精密水准测量的方法（要求其沉降观测的中误差不大于 1mm，常采用一、二等水准测量）。

图 11–1　某建筑沉降观测

（二）沉降观测的基本要求

1. 工作内容和范围

沉降观测根据不同观测对象确定工作内容和范围，应符合下列规定：

（1）建筑沉降观测应测定其地基的沉降量、沉降差，并计算沉降速度和建筑的倾斜度。

（2）基坑回弹观测应测定在基坑开挖后，由于卸除地基土自重而引起的基坑内外影响范围内相对于开挖前的回弹量。

（3）地基土分层沉降观测应测定地基内部各分层土的沉降量、沉降速度以及有效压缩层的厚度。

（4）建筑场地沉降观测，应分别测定建筑相邻影响范围之内的相邻地基沉降，以及与建筑相邻影响范围之外的场地地面沉降。

2. 沉降周期数

沉降观测的时间和次数，应根据工程性质、工程进度、地基土质情况及基础荷重增加情况等决定。

（1）在施工期间沉降观测次数。沉降观测周期宜符合下列规定：

1）当埋设的沉降观测点稳固后，在建筑主体开工之前，进行第一次观测。

2）在建筑主体施工过程中，一般每盖 1～2 层观测一次。

3）施工过程中如暂时停工，在停工时及重新开工时应各观测一次。停工期间，可每隔 2～3 个月观测一次。

4）较大荷重增加前后（如基础浇灌，回填土，安装柱子、房架，设备安装，设备运转，工业炉砌筑期间，烟囱每增加 15m 左右等），均应进行观测。

5）在观测过程中，如果基础附近地面荷载突然增减、基础四周大量积水、长时间连续降雨等情况，应及时增加观测次数。当建筑突然发生大量沉降、不均匀沉降或严重裂缝时，应立即进行逐日或几天一次的连续观测。

（2）结构封顶至工程竣工。沉降观测周期宜符合下列规定：

1） 均匀沉降且连续三个月内平均沉降量不超过 1mm 时，每三个月观测一次。

2） 连续两次每三个月平均沉降量不超过 2mm 时，每六个月观测一次。

3） 外界发生剧烈变化时应及时观测。

4） 交工前观测一次。

5） 交工后建设单位应每六个月观测一次，直至基本稳定为止。

工业厂房或多层民用建筑的沉降观测总次数，不应少于 5 次。竣工后的观测周期，可根据建筑的稳定情况确定。

3. 沉降观测工作的要求

沉降观测是一项较长期的系统观测工作，为了保证观测成果的正确性，应尽可能做到：

（1）固定人员观测和整理成果；

（2）使用固定的水准仪及水准尺；

（3）使用固定的水准点；

（4）按规定的日期、方法及路线进行观测。

4. 测站作业规定

沉降观测要求较高，测站作业应遵守下列规定：

（1）观测应在成像清晰，稳定时进行。

（2）仪器离前、后视水准尺的距离要用皮尺丈量，或用视距法测量，视距一般不应超过 50m，前后视距应尽可能相等。

（3）前、后视观测最好用同一根水准尺。

（4）前视各点观测完毕以后，应回视后视点，最后应闭合于水准点上。

二、沉降观测的具体措施和精度要求

1. 水准点和观测点的设置

（1）水准点的设置。水准点作为沉降观测的基准，其形式和埋设要求及观测方法均与三、四等水准测量相同。水准点高程应从建筑区永久水准基点引测。其埋设还应符合下列要求：

1）应布设在沉降影响范围之外，距沉降观测点不超过100m。

2）宜设置在基岩上，或设在压缩性较低的土层上，并避开道路、河岸等处，以保持其稳定性。

3）为保证水准点高程的正确性和便于相互检核，水准点一般不应少于三个。

4）在冰冻地区，水准点应埋设在冰冻线以下 0.5m。

（2）若施工水准点能满足沉降观测的精度要求，可作为沉降观测水准点之用。

（3）沉降观测点的设置。设置沉降观测点，应能够反映建（构）筑物变形特征和变形明显的部位，标志应稳固、明显、结构合理，不影响建（构）筑物的美观和使用。点位应避开障碍物，便于观测和长期保存。

建（构）筑物的沉降观测点，应按设计图纸埋设，并符合下列要求：

1）建筑物四角或沿外墙每 10～15m 处或每隔 2～3 根柱基上。

2）裂缝、沉降缝或伸缩缝的两侧，新旧建筑物或高低建筑物应在纵横墙交接处。

3）人工地基和天然地基的接界处，建筑物不同结构的分界处。

4）烟囱、水塔和大型储藏罐等高耸构筑物的基础轴线的对称部位，每一构筑物不得少于 4 个点。

建筑物、构筑物的基础沉降观测点，应埋设于基础底板上。基坑回弹观测时，回弹观测点宜沿基坑纵横轴线或能反映回弹特征的其他位置上设置。回弹观测的标志，应埋入基底面 10～20cm。

地基土的分层沉降观测点，应选择在建筑物、构筑物的地基中心附近。观测标志的深度，最浅的应在基础底面 50cm 以下，最深的应超过理论上的压缩层厚度。建筑场地的沉降点布设范围，宜为建筑物基础深度的 2～3 倍，并应由密到疏布点。

2. 建筑物的沉降观测

（1）沉降观测的时间。沉降观测的时间和次数，应根据工程性质、工程进度、地基的土质情况及基础荷重增加情况决定。

一般建筑物的沉降观测周期为：观测点埋设稳固后，且在建（构）筑物主体开工前，即进行第一次观测；主体施工过程中，荷重增加前后（如基础浇灌，回填土，安装柱子、房架，砖墙每砌筑一层楼，设备安装及运转等）均应进行观测；如施工期间中途停工时间较长，应在停工时和复工前进行观测；当基础附近地面荷重突然增加，周围积水及暴雨后，或周围大量挖方等均应观测。工程竣工后，一般每月观测一次，如果沉降速度减缓，可改为 2～3 个月观测一次，直到沉降量 100 天不超过 1mm 时，观测才可停止。

基础沉降观测在浇筑底板前和基础浇筑完毕后应至少各观测一次。回弹观测点的高程，宜在基坑开挖前、开挖后及浇筑基础之前，各测定一次。地基土的分层沉降观测，应在基础浇筑前开始。

（2）沉降观测方法。沉降观测方法视沉降观测点的精度要求而定，观测的方法有：一、二等水准测量，液体静力水准测量，微水准测量，三角高程测量等。其中，最常用的是水准测量方法。

对于多层建筑物的沉降观测，可采用 S3 水准仪，用普通水准测量方法进行。对于高层建筑物的沉降观测，则应采用 S1 精密水准仪，用二等水准测量方法进行。为了保证水准测量的精度，每次观测前，对所使用的仪器和设备，应进行检验校正。观测时视线长度一般不得超过 50m，前、后视距离要尽量相等，视线高度应不低于 0.3m。

沉降观测的各项记录，必须注明观测时的气象情况和荷载变化。

（3）沉降观测的工作要求。沉降观测是一项较长期的连续观测工作，为了保证观测成果的正确性，应尽可能做到四定，具体内容如下：

1） 固定观测人员。

2） 使用固定的水准仪和水准尺。

3） 使用固定的水准基点。

4） 按规定的日期、方法及既定的路线、测站进行观测。

3. 观测精度要求

对大型建筑及基础，《工程测量规范》（GB 50026—2007）中规定：垂直位移的测量，可视需要按变形点的高程中误差或相邻点高差中误差确定测量等级。例如，变形测量等级为二等的垂直位移测量，主要针对变形比较敏感的高层建筑、高耸构筑物、古建筑、重要工程设施和重要建筑场地的滑坡监测等，要求垂直位移测量变形点高程中误差不超过±0.5mm，相邻变形点高差中误差不超过±0.3mm。

闭合差分配方法：由于在观测各个基础时水准路线往往不是很长，而且闭合差一般不会超过 1～2mm，可按平均分配；若观测点之间的距离相差很大，则闭合差可以按距离成比例地分配。

沉陷观测就是定期地测量观测点相对于水准点的高差以求得观测点的高程，并将不同时期所测得的高程加以比较，得出建筑物沉陷情况的资料。将不同时期所测得的同一观测点的高程加以比较（有时也需要比较同一时期各观测点之间相对高程），由此得到建筑物或设备基础的沉降量。

三、沉降观测的成果整理

每次观测结束后，应检查记录中的数据和计算是否准确，精度是否合格，然后把各次观测点的高程，列入沉降观测成果表中，并计算两次观测之间的沉降量和累计沉降量，同时也要注明日期及荷载情况。为了更清楚地表示出沉降量、荷载和时间三者之间的关系，可画出各观测点的荷载、时间、沉降量曲线图。

在沉降观测工作中常会遇到一些矛盾现象，需要分析原因，进行合理处理，下面是一些常见问题及其处理方法，具体见表11–1。

表 11–1　　常见问题及处理方法

常见问题	解决方法
曲线在首次观测后即发生回升现象	在第二次观测时发现曲线上升，至第三次后，曲线又逐渐下降。发生此种现象，一般都是由于首次观测成果存在较大误差所引起的。此时，应将第一次观测结果作废，而采用第二次观测成果作为首次观测成果
曲线在中间某点突然回升	发生此种现象，多半是因为水准基点或沉降观测点被碰所致，如水准基点被压低，或沉降观测点被撬高，此时，应仔细检查水准基点和沉降观测点的外观有无损伤。如果众多沉降观测点出现此种现象，则水准基点被压低的可能性很大，此时可改用其他水准点作为水准基点来继续观测，并再埋设新水准点，以保证水准点个数不少于三个。如果只有一个沉降观测点出现此种现象，则多半是该点被撬高，如果观测点被撬后已活动，则需另行埋设新点，若点位尚牢固，则可继续使用，对于该点的沉降计算，则应进行合理处理
曲线自某点起渐渐回升	产生此种现象一般是由于水准基点下沉所致。此时，应根据水准点之间的高差来判断出最稳定的水准点，以此作为新水准基点，将原来下沉的水准基点废除。另外，埋在裙楼上的沉降观测点，由于受主楼的影响，有可能会出现属于正常的逐渐回升现象
曲线的波浪起伏现象	曲线在后期呈现微小波浪起伏现象，其原因是测量误差所造成的。曲线在前期波浪起伏之所以不突出，是因为下沉量大于测量误差之故；但到后期，由于建筑物下沉极微或已接近稳定，因此在曲线上就出现测量误差比较突出的现象。此时，可将波浪曲线改成水平线，并适当地延长观测的间隔时间

第二节　建筑物水平位移观测

一、水平位移监测网及精度要求

水平位移监测（图 11–2）网可采用建筑基准线、三角网、边角网、导线网等形式，宜采用独立坐标系统，并进行一次布网。

图 11–2　某建筑物水平位移监测

（1）控制点的埋设应符合下列规定：

1）基准点应埋设在变形影响范围以外，坚实稳固，便于保存处。

2）通视良好，便于观测与定期检验。

3）宜采用有强制归心装置的观测墩，照准标志宜采用有强制对中装置的觇牌。

（2）水平位移变形观测点，应布设在建筑的下列部位：

1）建筑的主要墙角和柱基上以及建筑沉降缝的顶部和底部。

2） 当有建筑裂缝时，还应布设在裂缝的两边。

3） 大型构筑物的顶部、中部和下部。

二、基准线法测定建筑的水平位移

当要测定某大型建筑的水平位移时，可以根据建筑的形状和大小，布设各种形式的控制网进行水平位移观测，当要测定建筑在某一特定方向上的位移量时，可以在垂直于待测定的方向上建立一条基准线，定期地测量观测标志偏离基准线的距离，就可以了解建筑的水平位移情况。

建立基准线的方法有“视准线法”“引张线法”和“激光准直法”。

1. 视准线法

由经纬仪的视准面形成基准面的基准线法，称为视准线法。视准线法又分为直接观测法、角度变化法（小角法）和移位法（活动觇牌法）三种。

（1）基本要求。采用视准线法进行水平位移观测宜符合下列规定。

1） 应在建筑的纵、横轴（或平行纵、横轴）方向线上埋设控制点。

2） 视准线上应埋设三个控制点，间距不小于控制点至最近观测点间的距离，且均应在变形区以外。

3） 观测点偏离基准线的距离不应大于20mm。

4） 采用经纬仪、全站仪、电子经纬仪投点法和小角度法时，应对仪器竖轴倾斜进行检验。

（2）直接观测法。可采用 J2 级经纬仪正倒镜投点的方法直接求出位移值，简单且直接，为常用的方法之一。

（3）小角法。小角法是利用精密光学经纬仪，精确测出基准线与置镜端点到观测点视线之间所夹的角度。由于这些角度很小，观测时只用旋转水平微动螺旋即可。

（4）活动觇牌法。该法是直接利用安置在观测点上的活动觇牌来测定偏离值。其专用仪器设备为精密视准仪、固定觇牌和活动觇牌。

施测步骤如下：

1）将视准仪安置在基准线的端点上，将固定觇牌安置在另一端点上。

2）将活动觇牌仔细地安置在观测点上，视准仪瞄准固定觇牌后，将方向固定下来，然后由观测员指挥观测点上的工作人员移动活动觇牌，待觇牌的照准标志刚好位于视线方向上时，读取活动觇牌上的读数。然后再移动活动觇牌从相反方向对准视准线进行第二次读数，每定向一次要观测四次，即完成一个测回的观测。

3）在第二测回开始时，仪器必须重新定向，其步骤相同，一般对每个观测点需进行往测、返测各 2～6 个测回。

2. 引张线法

引张线法是在两固定端点之间用拉紧的金属丝作为基准线，用于测定建筑水平位移。引张线的装置由端点、观测点、测线（不锈钢丝）与测线保护管四部分组成。

在引张线法中假定钢丝两端固定不动，则引张线是固定的基准线。由于各观测点上之标尺是与建筑体固定连接的，所以对于不同的观测周期，钢丝在标尺上的读数变化值，就是该观测点的水平位移值。引张线法常用在大坝变形观测中，引张线安置在坝体廊道内，不受旁折光和外界影响，所以观测精度较高，根据生产单位的统计，三测回观测平均值的中误差可达 0.03mm。

3. 激光准直法

激光准直法可分为激光束准直法和波带板激光准直系统

两类。

（1）基本要求。采用激光准直法进行水平位移观测宜符合下列规定：

1）激光器在使用前，必须进行检验校正，使仪器射出的激光束轴线、发射系统轴线和望远镜视准轴三者共轴，并使观测目标与最小激光斑共焦。

2）对于要求具有 10^{-5}～10^{-4} 量级准直精度时，宜采用 DJ2 型激光经纬仪；对要求达到 10^{-6} 量级准直精度时，宜采用 DJ1 型激光经纬仪。

3）对于较短距离（如数十米）的高精度准直，宜采用衍射式激光准直仪或连续成像衍射板准直仪；对于较长距离（如数百米）的高精度准直，宜采用激光衍射准直系统或衍射频谱成像及投影成像激光准直系统。

（2）第一类是激光束准直法。它是通过望远镜发射激光束，在需要准直的观测点上用光电探测器接收。由于这种方法是以可见光束代替望远镜视线，用光电探测器探测激光光斑能量中心，所以常用于施工机械导向的自动化和变形观测。

第二类是波带板激光准直系统，波带板是一种特殊设计的屏，它能把一束单色相干光汇聚成一个亮点。波带板激光准直系统由激光器点光源、波带板装置和光电探测器或自动数码显示器三部分组成。第二类方法的准直精度高于第一类，可达 10^{-6}～10^{-7} 以上。

三、前方交会法测定建筑物的水平位移

前方交会法测定建筑物位移主要适用于拱坝、曲线桥梁、高层建筑等的位移观测。

1. 前方交会的布设要求

对交会角 γ 的要求：为保证纵向和横向误差较差不超过限值，$60° < \gamma < 150°$ 为宜。

对测站点之间距离的测定要求：一般不小于交会边的长度。当交会边长在 100m 左右时，用 J1 经纬仪观测六个测回，则像点位移值测定中误差不超过 1mm，所以，对测站点之间距离的测定要求不高。

对测站点本身的要求：稳固可靠。

2. 测站点和观测点的结构

测站点的标志结构：采用同视准线法端点结构相同的观测墩。

观测点的标志结构：应埋设适用于不同方向照准的标志，在设计时应考虑：反差大，一般以反色作底、黑色作图案；图案应对称；美观大方、便于安置。

3. 实际作业中的注意事项

观测采用 J1 经纬仪用全圆方向法进行观测；观测中由同一观测员用同一仪器按同一观测方案进行观测；对仪器、觇标采用强制对中、消除偏心误差。

经验指导：激光经纬仪准直测量的操作要点：在基准线两端点上分别安置激光经纬仪和光电探测仪，将光电探测仪的读数安置到零上，移动经纬仪激光束的方向，瞄准光电探测仪，使其检流器指针为零，固定经纬仪水平方向不动；依次将望远镜的激光束射到安置于每个观测点的光电探测仪上，移动光电探测仪，使其检流表指针指零，即可读取每个观测点相对于基准面的偏离值；为了提高观测精度，在每一观测点上探测仪探测需进行多次。

第三节　建筑物倾斜观测

一、直接测定建筑物的倾斜

1. 悬吊垂球的方法

根据其偏差值可直接确定出建筑物的倾斜。由于高层建筑物、水塔、烟囱等建筑物上面无法固定悬挂垂球，因此只能采用经纬仪投影法和测量水平角的方法来测定它们的倾斜。

2. 经纬仪投影法

如图 11–3 所示，根据建筑物的设计 A 点与 B 点位于同一竖直线上，当建筑物发生倾斜时，则 A 点相对 B 点移动了某一数值 a，则该建筑物的倾斜为

$$I=\tan\alpha=a/h$$

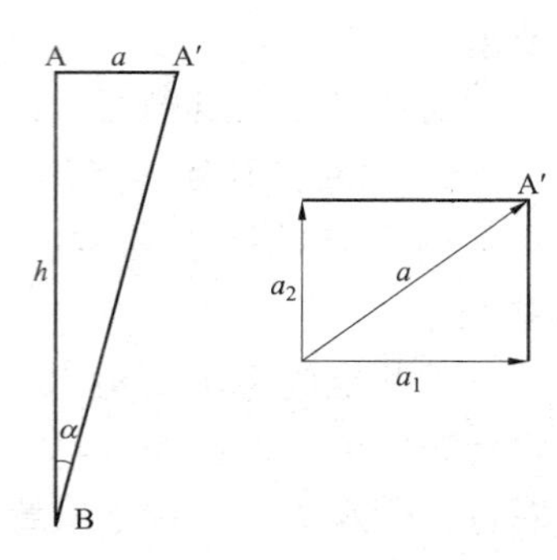

图 11–3　经纬仪投影法

为了确定建筑物的倾斜，必须量出 a 和 h 的数值，其中 h 的数值一般为已知；当 h 为未知时，则可对着建筑物设置一条基线，用三角测量的方法测定。此时经纬仪应设置在高建筑物较远的地方（距离最好在 1.5h 以上），以减少仪器级轴不垂直的影响。

对于 a 值而言，如果 A′ 是屋角的标志，可用经纬仪投影到 B 点的水平面上面量得。投影时经纬仪要在固定测站上很好地对中，并严格整平，用盘左、盘右两个度盘位置往下投影，取其中点，并量取中点于 B 点在视线方向的偏离值 a_1；再将经纬仪移到与原观测方向图或 90° 的方向上，用同样的方法求得与视线垂直方向 a_2 值。然后用矢量相加的方法，即可求得该建筑物的偏歪值 a。

$$a=a_1+a_2$$

3. 测量水平角的方法

图 11–4 为测定烟囱倾斜的例子。在离烟囱 50～100m 远，互相垂直的方向上标定两个固定标志作为测站（测站 1、测站 2）。在烟囱上标出作为观测用的标识点 1、2、3 和 4，同时选择通视良好的远方不动点 M1 和 M2 作为定向方向。

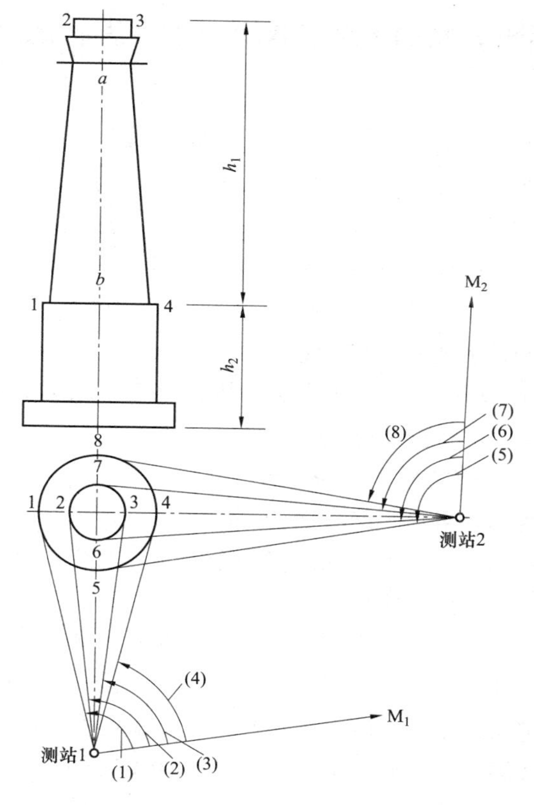

图 11–4 烟囱倾斜测定

然后从测站 1 用经纬仪测量水平角（1）、（2）、（3）、（4），并计算半合角（1）+（2）/2 及（2）+（3）/2，它们分别表示烟囱上部中心 a 和烟囱勒脚部分中心 b 的方向。

知道测站 1 至烟囱中心的距离，根据 a 与 b 的方向差，可计算分量 a_1。同样在测站 2 上观测水平面（5）、（6）、（7）、（8），重复前述计算，得到另一相对位移分量 a_2。用矢量相加的办法求得烟囱上部相对于勒脚部分的偏移值 a；最后可求得烟囱的倾斜度。

二、用测定建筑物基础相对沉陷的方法来确定建筑物的倾斜

1. 建筑物基础倾斜是建筑物倾斜的原因

由于建筑物基础各部分的地质条件不同、建筑物本身的结构关系、建筑物各部分的混凝土重量不等，以及地基失去原有的平衡条件，这些因素都会使建筑物基础产生不均匀沉陷（基础倾斜），从而使得建筑物产生倾斜。

2. 倾斜观测点的位置设置

布设时应沉陷观测点配合起来进行布置。通过对这些点的相对沉陷观测，可获得基础倾斜的资料。

3. 测定基础倾斜常用的方法

测定基础倾斜常用的方法如下：

（1）用水准测量的方法测定两个观测点的相对沉降，由相对沉降与两点间距离之比换算成倾斜角。

（2）用液体静力水准测量方法测定倾斜。测设实质：利用液体静力水准仪测定两点的高差，它与两点间距离之比，即为倾斜度。要测定建筑物倾斜度的变化，可进行周期性的观测。这种仪器不受距离限制，并且距离越长，测定倾斜度的精度越高。

（3）气泡式倾斜仪。它是专门为测设倾斜度而设计的专用仪器。这种仪器可以直接安置在需要的位置上，由读数盘上读数可得出该处的倾斜度。

第四节　变形观测的概述与基本要求

一、建筑物变形观测概述

工程建筑物产生变形的原因有很多，最主要的原因有两个方面：一是自然条件及其变化，即建筑物地基的工程地质、水文地

质、土的物理性质、大气温度和风力等因素引起。例如，同一建筑物由于基础的地质条件不同，引起建筑物不均匀沉降，使其发生倾斜或裂缝。二是建筑物自身的原因，即建筑物本身的荷载、结构型式及动载荷（如风力、振动等）的作用。此外，勘测、设计、施工的质量及运行管理工作的不合理也会引起建筑物的变形。

变形测量的观测周期，应根据建（构）筑物的特征、变形速率、观测精度要求和工程地质条件等因素综合考虑，观测过程中，根据变形量的变化情况，应适当调整，一般在施工过程中，频率应大些，周期可以为三天、七天、十五天等，等竣工投产以后，频率可小一些，一般为一个月、两个月、三个月、半年及一年等周期，若遇特殊情况，还要临时增加观测的次数。

变形观测的任务就是周期性地对所设置的观测点（或建筑物某部位）进行重复观测以求得在每个观测周期内的变化量。若需测量瞬时变形，可采用各种自动记录仪器测定其瞬时位置。

变形观测的精度要求，应根据建筑物的性质、结构、重要性、对变形的敏感程度等因素确定。

通过变形观测可取得大量的可靠资料和数据，用于监视工程建筑物的状态变化和工作情况。若发生异常现象，可及时分析原因，采取加固措施或改变运营方式，以保证安全。除此以外，还可根据变形观测的数据，验证地基与基础的计算方法，工程结构的设计方法，合理规定不同地基与工程结构的允许变形值，为工程建筑物的设计、施工、管理和科学研究工作提供资料，以保证工程建筑物的合理设计、正确施工和安全使用。因此，大型或重要工程建筑物、构筑物，在工程设计时，应对变形测量统筹安排，施工开始时，即应进行变形观测，并一直持续到变形趋于稳定时终止。

变形观测的内容，要求有明确的针对性，应根据建筑物的性质与地基情况来确定，既要有重点，又要作全面考虑，以便能全面且正确地反映出建筑物的变化情况。

工业与民用建筑物，对基础而言，其主要的观测内容是测算绝对沉降量、平均沉降量、相对弯曲、相对倾斜、平均沉降速度以及绘制沉降分布图等。建筑物的地基变形特征值（沉降量、沉降差、倾斜、局部倾斜以及沉降速率等）是衡量地基变形发展程度与状况的重要标志。

对于建筑物本身来说，主要看变形是否影响房屋的正常使用，如：是否产生裂缝，倾斜是否超出允许范围等。

对于工业设备、厂房柱子、导轨等，其主要观测内容是水平位移和垂直位移等。

在建筑施工过程中，一般采用精密水准仪进行沉降观测，采用经纬仪进行倾斜观测，其实测数据是建筑物工程质量检查的主要依据，也是竣工验收的主要技术档案之一。

建筑变形观测还包括：基坑回弹观测、地基土分层沉降观测，地基土变形相邻影响观测及场地沉降观测，裂缝观测、挠度观测和高层建筑的风振测量等。

二、变形观测基本要求

1. 变形测量的主要任务

建筑的变形观测是对建筑以及地基所产生的沉降、倾斜、挠度、裂缝、位移等变形现象进行的测量工作。其任务就是周期性地对设置在建筑上的观测点进行重复观测，求得观测点位置的变化量，通过对这些变化量的分析，研究建筑的变形规律和原因，从而为建筑的设计、施工、管理和科学研究提供可靠的资料。

2. 需要进行变形测量的情况

属于下列情况之一者应进行变形测量，见表 11–2。

表 11–2　　需要进行观测的情况

序号	主 要 内 容
1	地基基础设计等级为甲级的建筑

续表

序号	主 要 内 容
2	复合地基或软弱地基上的设计等级为乙级的建筑
3	加层、扩建建筑
4	受邻近深基坑开挖施工影响或受场地地下水等环境因素变化影响的建筑
5	需要积累建筑经验或进行设计反分析的工程
6	因施工、使用或科研要求进行观测的工程

3. 施工阶段的变形测量

施工阶段的变形测量包括下列主要项目，见表 11–3。

表 11–3　　变形测量包括的主要项目

序号	主 要 内 容
1	施工建筑及邻近建筑变形测量
2	邻近地面沉降监测、护坡桩位移监测、重要施工设备的安全监测等
3	地基基坑回弹观测和地基土分层沉降观测
4	因特殊的科研和管理等需要进行的变形测量

4. 观测周期的确定

变形测量的观测周期应根据下列因素确定，见表 11–4。

表 11–4　　主 要 因 素

序号	主 要 内 容
1	应能正确反映建筑的变形全过程
2	建筑的结构特征
3	建筑的重要性
4	变形的性质、大小与速率
5	工程地质情况与施工进度
6	变形对周围建筑和环境的影响

观测过程中，根据变形量的变化情况，观测周期可适当调整。

5. 变形测量的规定

以下几项是变形观测应该满足的，见表 11–5。

表 11–5　　　　　变形观测应满足的内容

序号	主　要　内　容
1	在较短的时间内完成
2	每次观测时宜采用相同的观测网形和观测方法，使用同一仪器和设备，固定观测人员，在基本相同的环境和条件下观测（俗称“三固定”）
3	对所使用的仪器设备，应定期进行检验校正
4	每项观测的首次观测应在同期至少进行两次，无异常时取其平均值，以提高初始值的可靠性
5	周期性观测中，若与上次相比出现异常或测区受到地震、爆破等外界因素影响时，应及时复测或增加观测次数
6	记录相关的环境因素，包括荷载、温度、降水、水位等
7	采用统一基准处理数据

三、变形监测项目

工业与民用建筑变形监测项目，应根据工程需要按表 11–6 选择。

表 11–6　　　　工业与民用建筑变形观测项目

<table>
<tr><th colspan="2">项　　目</th><th colspan="2">主要检测内容</th><th>备　　注</th></tr>
<tr><td colspan="2">场地</td><td colspan="2">垂直位移</td><td>建筑施工前</td></tr>
<tr><td rowspan="5">基坑</td><td rowspan="5">支护边坡</td><td rowspan="2">不降水</td><td>垂直位移</td><td rowspan="2">回填前</td></tr>
<tr><td>水平位移</td></tr>
<tr><td rowspan="3">降水</td><td>垂直位移</td><td rowspan="3">降水期</td></tr>
<tr><td>水平位移</td></tr>
<tr><td>地下水位</td></tr>
</table>

续表

项目		主要检测内容	备注
基坑	地基	基坑回弹	基坑开挖期
		分层地基土沉降	主体施工前、竣工初期
		地下水位	降水期
建筑	基础变形	基础沉降	主体施工前、竣工初期
		基础倾斜	
	主体变形	水平位移	竣工初期
		主体倾斜	
		建筑裂缝	发现裂缝初期
		日照变形	竣工后

四、变形观测的精度要求

变形观测的等级划分及精度要求的具体确定，应根据设计、施工给定的或有关规范规定的建筑变形允许值，并顾及建筑结构类型、地基土的特征等因素进行选择，变形测量的等级划分与精度要求应符合表 11–7 的规定。

表 11–7　　变形测量的等级划分及精度要求

变形测量等级	垂直位移		水平位移	适用范围
	变形点高程中误差/mm	变形点高差中误差/mm	变形点点位中误差/mm	
一级	±0.3	±0.1	±1.5	变形特别敏感的高层，高耸建、构筑物，精密高程设施，地下管线等
二级	±0.5	±0.3	±3.0	变形比较敏感的高层，高耸建、构筑物，精密高程设施，地下管线，隧道拱顶下沉，结构收敛等

续表

变形测量等级	垂直位移		水平位移	适用范围
	变形点高程中误差/mm	变形点高差中误差/mm	变形点点位中误差/mm	
三级	±1.0	±0.5	±6.0	一般性高层，高耸建、构筑物，地下管线等
四级	±2.0	±1.0	±12.0	观测精度要求低的构筑物，地下管线等

第五节　变形观测网点布置

在建筑的施工过程中，随着上部结构的逐渐完成，地基荷载逐步增加，将使建筑产生下沉现象，这就要求应定期地对建筑上设置的沉降观测点进行水准测量，测得其与水准基点之间的高差变化值，分析这些变化值的变化规律，从而确定建筑的下沉量及下沉规律，这就是建筑的沉降观测。

一、变形监测网的网点

变形监测网的网点，宜分为基准点、工作基点和变形观测点。其布设应符合下列要求：

（1）基准点。应选在变形影响区域之外稳固可靠的位置。每个工程至少应有 3 个基准点。大型的工程项目，其水平位移基准点应采用带有强制归心装置的观测墩，垂直位移基准点宜采用双金属标或钢管标。

（2）工作基点。应选在比较稳定且方便使用的位置。设立在大型工程施工区域内的水平位移监测工作基点宜采用带有强制归心装置的观测墩，垂直位移监测工作基点可采用钢管标。对通视条件较好的小型工程，可不设立工作基点，在基准点上直接测定变形观测点。

（3）变形观测点。应设立在能反映监测体变形特征的位置或监测断面上，监测断面一般分为：关键断面、重要断面和一般断面。需要时，还应埋设一定数量的应力、应变传感器。

二、水准基点布设

1. 水准基点的布设

建筑的沉降观测是根据建筑附近的水准点进行的，所以这些水准点必须坚固稳定。为了对水准点进行相互校核，防止其本身产生变化，水准点的数目应尽量不少于 3 个，以组成水准网。对水准点要定期进行高程检测，以保证沉降观测成果的正确性。在布设水准点时应考虑下列因素，见表 11–8。

表 11–8　　布设水准点应考虑的因素

序号	主　要　内　容
1	水准点应尽量与观测点接近，其距离不应超过 100m，以保证观测的精度
2	水准基点必须设置在建筑或构筑物基础沉降影响范围以外，并且避开交通管线、机械振动区以及容易破坏标石的地方，埋设深度至少应在冰冻线以下 0.5m
3	离开公路、铁路、地下管道和滑坡至少 5m。避免埋设在低洼易积水处及松软土地带
4	为防止水准点受到冻胀的影响，水准点的埋设深度至少要在冰冻线下 0.5m

2. 水准点的形式与埋设

沉降观测水准点的形式与埋设要求，一般与三、四等水准点相同，但也应根据现场的具体条件、沉降观测在时间上的要求等决定。

当观测急剧沉降的建筑和构筑物时，若建造水准点已来不及，可在已有房屋或结构物上设置标志作为水准点，但这些房屋或结构物的沉降必须证明已经达到终止。在山区建设中，建筑附近常有基岩，可在岩石上凿一洞，用水泥砂浆直接将金属标志嵌固于岩层之中，但岩石必须稳固。当场地为砂土或其他不利情况下，应建造深埋水准点或专用水准点。

三、观测点的布设

沉降观测点的布设应能全面反映建筑的地基变形特征，并结合地质情况以及建筑结构特点确定。观测点宜选择在下列位置进行布设，见表 11–9。

表 11–9　　观测点选择位置布设的内容

序号	主　要　内　容
1	建筑的四角、大转角处及沿外墙每 10～15m 处或每隔 2～3 根柱基上
2	高低层建筑、新旧建筑、纵横墙等交接处的两侧
3	建筑裂缝和沉降缝两侧、基础埋深相差悬殊处、人工地基与天然地基接壤处、不同结构的分解处以及填挖分界处
4	宽度大于等于 15m 或小于 15m 而地质复杂以及膨胀土地区的建筑，在承重内隔墙中部设内墙点，在室内地面中心及四周设地面点
5	邻近堆置重物处、受振动影响显著的部位及基础下的暗沟处
6	框架结构建筑的每个或部分柱基上或沿纵横轴线设点
7	片筏基础、箱形基础底板或接近基础的结构部分之四角处及其中部位置
8	重型设备基础和动力设备基础的四角、基础型式或埋深改变处以及地质条件变化处两侧
9	电视塔、烟囱、水塔、油罐、炼油塔、高炉等高耸建筑，沿周边在与基础轴线相交的对称位置上布点，点数不少于 4 个

四、观测点的形式与埋设

1. 民用建筑沉降观测点的型式和埋设

民用建筑沉降观测点，一般设置在外墙勒脚处。观测点埋在墙内的部分应大于露出墙外部分的5～7倍，以便保持观测点的稳定性。常用观测点如下：

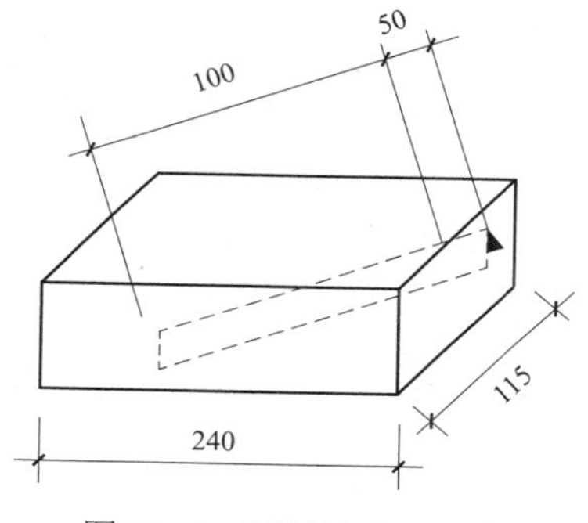

图 11–5　预制墙式观测点

（1）预制墙式观测点：混凝土预制，大小为普通黏土砖规格的1～3倍，中间嵌以角钢，角钢棱角向上，并在一端露出50mm。在砌砖墙勒脚时，将预制块砌入墙内，角钢露出端与墙面夹角为50°～60°，如图11–5所示。

（2）如图11–6所示，利用直径20mm的钢筋，一端弯成90°角，一端制成燕尾形埋入墙内。

（3）如图11–7所示，用长120mm的角钢，在一端焊一铆钉头，另一端埋入墙内，并以1:2水泥砂浆填实。

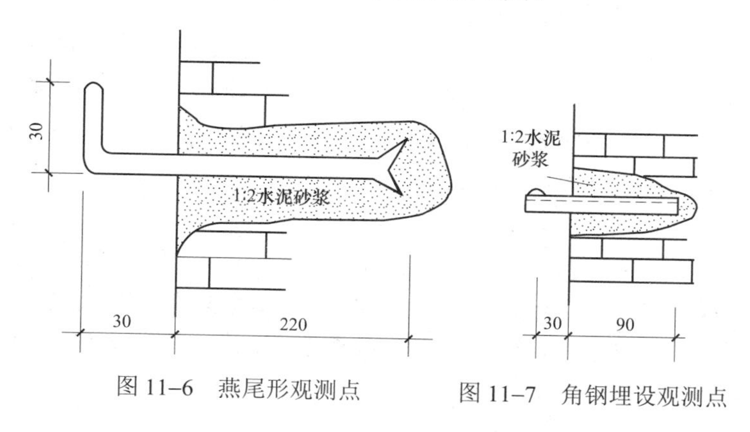

图 11–6　燕尾形观测点

图 11–7　角钢埋设观测点

2. 设备基础观测点的型式及埋设

一般利用铆钉或钢筋来制作，然后将其埋入土中，其型式主要有垫板式、弯钩式、燕尾式、U 字式。

如观测点使用期长，应埋设有保护盖的永久性观测点。对于一般工程，如因施工紧张而观测点加工不及时，可用直径 20～30mm 的铆钉或钢筋头（上部锉成半球状）埋置于混凝土中作为观测点。

在埋设观测点时应注意下列事项，见表 11–10。

表 11–10　　埋设观测点的注意事项

序号	注意内容
1	铆钉或钢筋埋在混凝土中露出的部分，不宜过高或太低，高了易被碰斜撞弯；低了不易寻找，而且水准尺置在点上会与混凝土面接触，影响观测质量
2	观测点应垂直埋设，与基础边缘的间距不得小于 50mm，埋设后将四周混凝土压实，待混凝土凝固后用红油漆编号
3	埋点应在基础混凝土将达到设计标高时进行。如混凝土已凝固须增设观测点时，可用钢凿在混凝土面上确定的位置凿一洞，将标志埋入，再以 1:2 水泥砂浆灌实

3. 柱基础及柱身观测点

柱基础沉降观测点的形式和埋设方法与设备基础相同。但是当柱子安装后进行二次灌浆时，原设置的观测点将被砂浆埋掉，因而必须在二次灌浆前，及时在柱身上设置新的观测点。柱身观测点的型式及设置方法如下：

（1）钢筋混凝土柱：用钢凿在柱子±0 标高以上 10～50cm 处凿洞（或在预制时留孔），将直径 20mm 以上的钢筋或铆钉，制成弯钩形，平向插入洞内，再以 1:2 水泥砂浆填实，如图 11–8 所示，也可采用角钢作为标志，埋设时使其与柱面成 50°～60°的倾斜角，如图 11–8 所示。

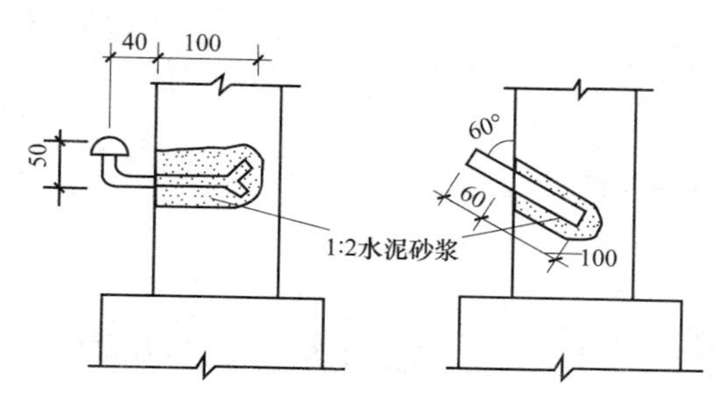

图 11-8　钢筋混凝土柱观测点

（2）钢柱：将角钢的一端切成使脊背与柱面成 50°～60° 的倾斜角，将此端焊在钢柱上，或者将铆钉弯成钩形，将其一端焊在钢柱上。

在柱子上设置新的观测点时应注意的事项见表 11-11。

表 11-11　　**注 意 事 项**

序号	主 要 内 容
1	新的观测点应在柱子校正后二次灌浆前，将高程引测至新的观测点上，以保持沉降观测的连贯性
2	新旧观测点的水平距离不应大于 1.5m，以保证新旧点的观测成果的相互联系。新旧点的高差不应大于 1.5m，以免由旧点高程引测于新点时，因增加转点而产生误差
3	观测点与柱面应有 30～40mm 的空隙，以便于放置水准尺
4	在混凝土柱上埋标时，埋入柱内的长度应大于露出的部分，以保证点位的稳定

第十二章

提升技能之建筑施工测量管理

第一节　施工测量管理体系

一、质量管理体系

施工测量管理活动应按质量管理体系标准的要求做好施工测量方案的策划，并实施策划和改进实施的效果。

1. 质量管理体系

（1）应按施工测量的过程监理质量管理体系，明确施工测量必需的过程、活动及其合理的顺序，明确对过程的控制所需的准则和方法、明确对过程进行监视、测量和分析的方法，如果有协作单位还应规定对协作单位的控制和协调方法等。

（2）应收集与施工测量有关的法规、标准、规程等工作中应依据的文件；明确应管理的主要文件，如施工图、放线依据和工程变更以及记录等。

（3）明确施工测量应形成和保留的各种质量记录类型和数量，明确记录人、校核人，明确质量记录等。

（4）建立制度做好文件的管理，如规定专人管理、建立档案、建立文件目录等内容。

（5）对外发放如有审批要求时，应明确审批的责任人、审批的时间和审批方式等。

2. 管理职责

（1）在企业质量方针的框架下，明确施工测量的质量目标，如测量定位准确率、测量结果无差错率、配合施工进度的及时率等作为考核的标准。

（2）明确工作分工和岗位职责。

（3）为企业领导层的管理评审提供施工测量质量管理实施效果的有关信息。

3. 资源管理

（1）明确岗位的能力要求，如文化水平、工作经历、技能要求、培训要求等。

（2）建立岗位培训制度，不断提高业务水平，确保工作质量。

（3）明确测量任务所要求的设备类型、规格，如水准仪、经纬仪和全站仪等精度要求，并按要求配齐数量。

4. 测量、分析和改进

（1）要按施工测量方案的要求，对施工测量的过程和结果进行监视和测量，如采用自检、互检和验收的程序，保证施工测量的过程和结果符合建设单位的要求、符合设计图和法规的要求等。

（2）对施工测量中发现的不合格问题除应纠正达到合格外，还应分析原因，提出纠正措施，防止不合格现象再次发生。

（3）对各类施工测量的结果应采用数据分析的方法进行分析，如计算中误差、分析误差的分布状态，比较以往测量结果的差异，查找应采取的预防措施或应改进的方面等内容。

（4）要对使用施工测量结果的人员进行调查或询问，了解对所提供的控制点、控制线、有关数据等在使用中的意见以及与施工配合中的问题，不断改进施工测量的工作质量。

二、建筑工程施工测量基本要求

1. 测量放线的基本要求

（1）认真学习与执行国家法令、政策与规范，明确为工程服务，对按图施工与工程进度负责的工作目的。

（2）遵守先整体后局部的工作程序。即先测设精度较高的场地整体控制网，再以控制网为依据进行各局部建筑物定位、放线。

（3）严格审核测量起始依据的正确性，坚持测量作业与计算工作又校核的工作方法。

测量放线依据包括设计图、文件、测量起始点等内容。

（4）定位、放线工作必须执行经自检、互检合格后，由有关主管部门验线的工作制度，还应执行安全、保密有关规定，用好、管好设计图与有关资料，实测时要当场做好原始记录，测后要及时保护好桩位。

2. 测量验线的基本要求

（1）验线工作应主控预控。验线工作要从审核施工测量方案开始，在施工的各主要阶段前，均应对施工测量工作提出预防性的要求，以做到防患于未然。

（2）验线的依据应原始、准确、有效。主要是施工图、变更洽商与定位依据点位及其数据等内容务必准确。

（3）仪器与钢尺必须按计量法有关规定进行检验和检校。

（4）验线的精度应符合以下要求：

1）仪器的精度应适应验线要求，有检定合格证并校正完好。

2）必须按规程作业，观测误差必须小于限差，观测中的系统误差应采取措施进行改正。

3）验线成果应先行附合校核。

（5）验线部位应为关键环节与最弱环节，主要包括以下几个方面：

1）定位依据桩及定位条件。

2）场区平面控制网、主轴线及其控制桩。

3）场区高程控制网及±0.00 高程线。

4）控制网及定位放线中的最弱部位。

（6）验线方法及误差处理。

1） 场区平面控制网与建筑物定位，应在误差计算中评定最弱部位的精度，并实地验测，精度不符合要求时应重新测量。

2） 细部测量可用不低于原测量放线的精度要求进行验测，验线成果与原放线成果之间的误差应按以下内容进行处理：

① 两者之差小于 1/2 限差时，对放线工作评为优良。

② 两者之差略小于或等于 2 限差时，对放线工作评定为不合格。

3. 测量计算的基本要求

（1）测量计算工作的基本要求是依据正确、方法科学、计算有序、步步校核、结果可靠。

（2）外业观测成果是计算工作的依据。计算工作开始前应对外业记录、草图等认真仔细地审阅与校核，以便熟悉情况并及早发现与处理记录中可能存在的遗漏、错误等问题。

（3）计算过程中一般应在规定的表格中进行。按外业记录在计算表中填写原始数据时，严防抄错、填好后应换人核对，以免发生转抄错误。

第二节 施工测量的管理

一、施工测量的管理工作

1. 施工测量管理制度的建立

（1）组织管理制度的建立。

1） 测量管理机构设置及职责。

2） 各级岗位责任制度及职责分工。

3） 人员培训及考核制度。

（2）技术管理制度的建立。

1） 测量成果及资料管理制度。

2） 自检复线及验线制度。

3）交接桩及护桩制度。

（3）仪器管理制度。

1）仪器定期检定、检校及维护保管制度。

2）仪器操作规程及安装操作制度。

2. 施工测量技术资料的应用

（1）测量依据资料。

1）当地城市规划管理部门的“建设用地规划许可证及其附件”“划拨建设用地文件”“建设用地钉桩（红线桩坐标及水准点）通知单”。

2）验线通知书及交接桩记录表。

3）工程总平面图及图纸会审记录、工程定位测量及检测记录。

4）有关测量放线方面的设计变更文件及图样。

（2）测量记录资料。

1）施工测量方案、现场平面控制网与水准点成果表报验单、审批表及复测记录。

2）工程位置、主要轴线、高程及竖向投测等的“施工测量报验单”与复测记录。

3）必要的测量原始距离等特殊工程资料（如钢结构工程）与复测记录。

（3）竣工验收资料。

1）竣工验收资料、竣工测量报告及竣工图。

2）沉降变形观测记录及有关资料。

二、安全生产管理工作

1. 施工安全生产中的常用名词

（1）“三级”安全教育。对新进场人员、转换工作岗位人员和离岗后重新上岗人员，必须进行上岗前的“三级”安全教育，即公司教育、项目教育与班组教育，以使从业人员学到必要的劳保知识与规章制度要求。此外，对特种作业人员（如架子工、电工等）还必须经过专门国家安全培训取得特种作业资格。

（2）做到“三不伤害”。在生产劳动中要处处、时时注意做到“三不伤害”，即我不伤害自己、我不伤害他人，我不被他人伤害。

（3）正确用好“三宝”。进入施工现场必须正确佩戴安全帽；在高处（指高差 2m 或 2m 以上者）作业、无可靠安全防护设施时，必须系好安全带；高处作业平台四周要有 1～1.2m 的密闭的安全网。

（4）做好“四口”防护。建筑施工中的“四口”是指楼梯口、电梯口、预留洞口和出入口（也叫通道口）。“四口”是高处坠落的重要原因。因此，应根据洞口大小、位置的不同，按施工方案的要求封闭牢固、严密，任何人不得随意拆除，如工作需要拆除，须经工地负责人批准。

（5）造成事故原因的“三违”。是指负责人的违章指挥，从业人员的违章作业与违反劳动纪律。统计数字表明 70%以上的事故都是由“三违”造成的。

2. 施工测量人员的安全生产

施工测量人员在施工现场作业中必须特别注意安全生产。施工测量人员在施工现场虽比不上架子工、电工或爆破工遇到的险情多，但是测量放线工作的需要使测量人员在安全隐患方面有“八多”。

（1）要去的地方多、观测环境变化多。测量放线工作从基坑到封顶，从室内结构到室外管线的各个施工角落均要放线，所以要去的地方多，且各测站上的观测环境变化多。

（2）接触的工种多、立体交叉作业多。测量放线从打护坡桩挖土到结构支模，从预留埋件的定位到室内外装饰设备的安装，需要接触的工种多，相互配合多，尤其是相互立体交叉作业多。

（3）在现场工作时间多、天气变化多。测量人员每天早晨上班早，要检查线位桩点；下午下班晚，要查清施工进度安排明天的工作。中午工地人少，正适合加班放线以满足下午施工的需要，所以施工测量人员在现场工作时间多；天气变化多也应尽量适应。

（4）测量仪器贵重，各种附件与斧锤、墨斗工具多，触电机会多。测量仪器怕摔砸，斧锤怕失手，线坠怕坠落，人员怕踩空跌落；现场电焊机、临时电线多，测量放线人员多使用钢尺与铝质水准尺，因此，触电机会多。

3. 建筑工程测量人员安全操作要点

（1）为贯彻“安全第一、预防为主”的基本方针，在制定测量放线方案中，要针对施工安排和施工现场的具体情况，在各个测量阶段落实安全生产措施，做到预防为主。尤其是人身与仪器的安全。尽量减少立体作业，以防坠落与摔砸。如平面网站的布设要远离施工建筑物；内控法做竖向投测时，要在仪器上方采取可靠措施等。

（2）对新参加测量的工作人员，在做好测量放线、验线应遵守的基本准则教育的同时，针对测量放线工作存在安全隐患“八多”的特点，进行安全操作教育，使其能严格遵守安全规章制度；现场作业必须戴好安全帽，高处或临边作业要绑扎安全带。

（3）各施工层上作业要注意“四口”安全，不得从洞口或井字架上下，防止坠落。

（4）上下沟槽、基坑或登高作业应走安全梯或马道。在槽、基坑底作业前必须检查槽帮的稳定性，确认安全后再下槽、基坑。

（5）在脚手板上行走时要防踩空或板悬挑。在楼板临边放线，不要紧靠防护设备，严防高空坠落；机械运转时，不得在机械运转范围内作业。

（6）测量作业钉桩前应检查锤头的牢固性，作业时与他人协调配合，不得正对他人抡锤。

三、测量班组管理

1. 开展全员质量教育，强化质量意识

根据国家法令、规范、规程要求和 ISO 9000 质量管理体系标准的规定，把好质量关，使测量班组所交出的测量成果正确、精度合格，这是测量班组管理工作的核心。观测中误差的产生是不可避免的，工作中偶尔出现差错也是难以杜绝的客观事实，因此，必须做到：作业前要严格审核起始依据的正确性；作业中坚持测量、计算工作步步有校核，保证能及时发现并剔除错误，交出精度合格的成果，保证测量放线工作的质量。

2. 充分做好准备工作，进行技术交底和有关规范的学习

按照“三校核”的要求，即校核设计图样、校核测量依据点位与数据、检定与检校仪器与器具，以取得正确的测量起始依据，这是测量放线准备工作的核心。另外，一定要针对工程特点，进行技术交底并学习有关规范、规程，从技术上适应工程的需要。

3. 建立班组文化，提高协作意识

建立测量班组文化，提高协作意识，即建设“三具有”班组文化：要求班组员工凡事顾全大局，善于与人合作，具有强烈的团队意识；诚实守信，在工作中执行标准不走样，技术上精益求精，具有高超的职业技能和操守；能于负重，勤于学习，勇攀高峰，具有顽强向上的职业作风和职业理想。测量是各团队协作的工作，班组所有成员必须在协作的前提下才能完成工作目标。

4. 建立健全并严格执行班组管理制度，提高工作质量

建立健全并严格执行班组管理制度，如图纸与资料管理制度、安全生产制度、测量仪器与器具管理制度、测量成果质量管理制度等，以制度保证来提高班组的工作质量。

四、测量班组与其他工种相互协调

施工测量放线工作具有先导性、全局性，测量工序与其他工序交叉配合多，如何做好与其他工种的协调工作，是提高测量工作效率、保证施工进度的重要环节。

在与其他工种的协调配合上，针对测量班组工作的特殊性，要坚持做好以下“四沟通”。

（1）测量班组与工程项目经理的沟通，在明确整个生产进度安排的基础上合理安排测量班组的工作。

（2）测量班组与监理方的沟通，确保施工质量控制不走样。

（3）测量班组与其他班组的沟通，协调好生产进度，协调好工程各参与方对测量标志的保护，争取各方对测量工作的支持和配合。

（4）测量班组成员内部的沟通，及时提高各个岗位工作时效。通过全面交流与沟通，准确掌握生产进度，合理部署每天的生产，确保各项工作与工程施工具体情况合拍。

参 考 文 献

［1］工程测量规范（GB 50026—2007）［S］. 北京：中国计划出版社，2008.

［2］建筑变形测量规范（JGJ8—2007）［S］. 北京：中国建筑工业出版社，2008.

［3］合肥工业大学，重庆建筑大学，天津大学等合编. 测量学［M］. 北京：中国建筑工业出版社，2005.

［4］卢满堂，甄红锋. 建筑工程测量［M］. 北京：中国水利水电出版社，2007.

［5］边境. 测量放线工初级技能［M］. 北京：金盾出版社，2010.

［6］王欣龙. 测量放线工必备技能［M］. 北京：化学工业出版社，2012.